はてなブログ

Perfect
GuideBook

［改訂第2版］

JOE AOTO

JN062100

ソーテック社

はじめに

● ●

まず、読者の皆様のおかげで、本書の改訂版を出版する機会をいただけたことに感謝します。

「ブログをはじめたいけど、どこでブログを書けばよいかわからない…」。
そんな人に、さまざまなブログサービスを使用してきた私がおすすめするのは「はてなブログ」です。使いやすいのはもちろんですが、1つ大きな理由があります。

はてなブログをすすめる最も大きな理由は、始めたばかりでも他のはてなユーザーが見てくれていることを実感できるところです。
しっかりと記事を読んでくれている実感があります。ブログを書くこともそうですが、同じ位に読むことが好きなユーザーが多いのが、はてなブログの大きな魅力です。

ブログを読んでもらえていると実感すると、記事を書くモチベーションが自然と上がってきます。また、はてなブログでは、はてなユーザー同士の距離感が近く感じられるので、ブログ仲間も作りやすいです。こうした環境が、ブログを長く続けられることにつながります。

おかげさまで、私自身もはてなブログを始めてから、多くのはてなブログユーザーに記事を読んでもらいました。そして多くの方が反応をしてくれました。そういった1つひとつのことが重なり、本書を執筆することにもつながりました。これが実現できたのも、はてなブログとはてなユーザーのおかげだと思っています。

はてなブログを利用して、日記を書いたり、好きな物を紹介するなど、いろいろなブログスタイルがあると思いますが、まずは気軽に好きなことをブログに書いてみましょう。その一歩が皆様の夢につながるかもしれません。本書がその実現の手助けや役に立つことになれば幸いです。

最後になりますが、魅力的なブログサービスを提供してくださる、株式会社はてな様、本書の制作に尽力していただきました株式会社ソーテック社の皆様、応援をしてくれた家族や友人、はてなユーザーの皆様に心から感謝いたします。

2020年7月
JOE AOTO

CONTENTS

Part 1 「はてなブログ」をはじめよう ·················9

Part 2 記事を投稿する ·································· 23

Part 3 ダッシュボードでの設定 …………………… 49

Part 4 基本機能を使ったデザイン変更&カスタマイズ … 73

本書の使い方

本書は、次のようなページで構成されています。各 Step ごとに内容がまとめられて、見出しに対応した図解による手順で「はてなブログ」の操作をマスターできます。

Step のタイトルです。

リードは、Step の内容を簡潔にまとめています。

操作内容の見出しです。

操作の手順を図解で説明しています。図のとおりに操作することで、だれでも簡単に「はてなブログ」の操作をマスターできます。

Zoom

ちょっと便利な操作や詳しい解説を掲載しています。

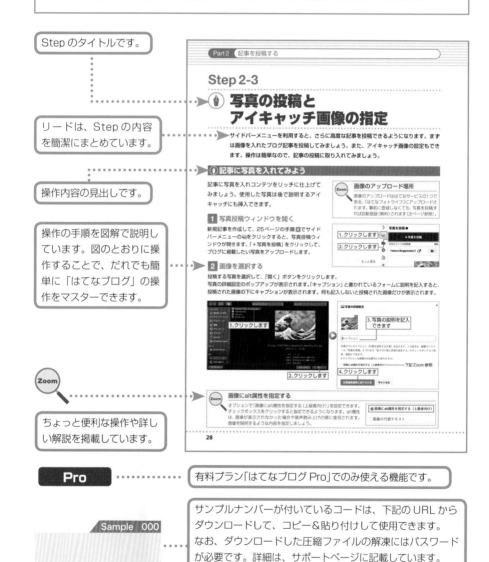

Pro ……… 有料プラン「はてなブログ Pro」でのみ使える機能です。

Sample 000

サンプルナンバーが付いているコードは、下記の URL からダウンロードして、コピー＆貼り付けして使用できます。
なお、ダウンロードした圧縮ファイルの解凍にはパスワードが必要です。詳細は、サポートページに記載しています。

◆サポートページ

http://sotechsha.co.jp/sp/1269/

Part 1

「はてなブログ」をはじめよう

「はてなブログ」のアカウントを作成して、ブログを始めましょう。これからブログを開始するのであれば、「はてなブログ」がおすすめです。数あるブログサービスの中から何故「はてなブログ」を選ぶのか、どんなサービスがあるか、その魅力もお伝えします。

Step 1-1

「はてなブログ」とは？

「はてなブログ」は、株式会社はてなが2013年より開始したサービスです。ブログサービスとしての歴史は浅く見えますが、同社のもう1つのブログサービス「はてなダイヤリー」を含めるとその歴史は2003年からと、ブログサービスの中でも古いものです。

「はてなブログ」を見てみよう

「はてなブログ」は、ブログ初心者でも使い勝手がよく、シンプルでモダンなデザインでカスタマイズもしやすいなどの面から人気です。

「はてなブログ」のトップ画面

「はてなブログ」のトップ画面（https://hatenablog.com/）にアクセスすると、人気エントリーや注目のブログ、新着エントリーなど、さまざまなはてなブログユーザーの記事が確認できます。
興味のある記事が見つけやすく、はてなブログユーザー同士が繋がりやすい仕組みになっています。

「はてなブログ」で作成されたブログ

「はてなブログ」のトップページで好きなブログ記事をクリックして、他のユーザーが作成したブログを見てみましょう。
シンプルなものから可愛いもの、スタイリッシュなものまでさまざまなデザインのブログがあります。

✦ 8つの「はてなブログ」の魅力

はてなブログの魅力とは、どういったものなのでしょうか。「はてなブログ」をはじめる前に、多くの人に支持される「はてなブログ」の魅力の中から8つをご紹介します。

魅力❶ 使いやすさ

「はてなブログ」の第一の魅力は、やはり「使いやすさ」です。筆者自身もいくつものブログサービスを利用してきましたが、機能がわかりやすくインターフェイスが使いやすいブログサービスという点では、ピカイチです。ブログ初心者でもアカウントの登録から記事の投稿まで短時間でできるようになります。

直感的でわかりやすい記事作成画面

魅力❷ 検索エンジンに強い

ブログサービスは、WordPressなどでいちから独自ドメインではじめたブログよりも、初期のSEOが強くなります。これは各ブログサービスからのドメインパワーを引き継いでいるからです。「はてなブログ」もこのドメインパワーが強く、さらに各はてなサービスからのリンクによってドメインパワーの恩恵を受ける仕組みになっています。

少し専門的な話になりますが、「はてなブログ」は「HTML5」で記述されています。PubSubHubbub（パブサブハブバブ）を使用しているので、Googleエンジンへのインデックスも早くなります。特に何もしなくても、記事を更新した数時間後にはインデックスされるようになります。

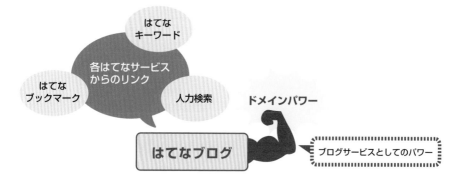

魅力❸ コミュニティとしてのはてなブログ

「はてなブログ」のもう1つの魅力は、コミュニュティとして機能するという点になります。SEOでブログのアクセスが増えるまでには、ある程度の時間がかかります。アクセスが少ないとモチベーションが下がり、ブログを書くのを止めてしまうこともありますが、「はてなブログ」なら、他のユーザーがブログを見てくれるという実感を得ることができます。他のはてなサービスを合わせて使うことで、その実感はより大きくなるはずです。アクセスの数字だけではなく、ユーザーの反応が良いのは大きな魅力でしょう。

魅力❹ 記事の書きやすさ

自分の過去記事へのリンクや外部サイトへのリンクも、簡単な操作で行えます。HTMLがわからなくても、本格的な表示が可能です。AmazonやiTunesの商品の紹介や各種さまざまなWebサービスの貼り付けも、クリックひとつで簡単にできます。

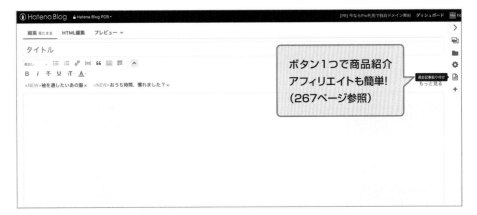

ボタン1つで商品紹介アフィリエイトも簡単！（267ページ参照）

魅力❺ カスタマイズのしやすさ

「はてなブログ」ではテーマを利用して簡単に見栄えを変更できます。また、自分でCSSを記述してカスタマイズすることもできるので、世界に1つのオリジナルブログを作ることが可能です。HTMLは一部（ヘッダ／サイドバー／フッタ）しか変更できませんが、見栄えのオリジナリティは充分に発揮できます。

CSSカスタマイズで自分だけのオリジナルデザインに変更できる（112ページ参照）

魅力⑥ スマートフォンからも投稿、観覧ができる

「はてなブログ」ではスマートフォンにも対応しています。アプリをダウンロードすればさらに使い勝手は向上し、メールを出す感覚で記事の投稿ができます。また自分へのお知らせや他のユーザーの更新情報もチェック可能なので、そのまま閲覧することもできます。

スマホアプリから手軽に記事を投稿できます（46ページ参照）

魅力⑦ SNSとの連携のしやすさ

FacebookやTwitterなどのSNSとの連携も簡単です。記事の更新時にボタン1つでフォロワーにお知らせできます。
ブログをSNSと連携させることで、ブログの幅はより広がっていくでしょう。

記事投稿直後に表示されるSNSボタンからSNSに投稿！（236ページ参照）

魅力⑧ 有料プランで本格的なブログ運営

「はてなブログ」には「はてなブログPro」という有料プランがあります。Proのメンバーになると、独自ドメインの設定が可能になります。
他にも画像のアップロード容量の増量や、AdSenseのフル活用など、本格的なブログ運営ができるようになります。複数人で1つのブログを管理することも可能なので、オウンドメディアのように運営できます。

有料プランを使えば、より便利に格好よく「はてなブログ」が使えます（182ページ参照）

Step 1-2

「はてなブログ」への登録

「はてなブログ」を利用するには、「はてなID」（アカウント）の取得が必要になります。登録が完了したら、さっそくはてなブログを開設してみましょう。「はてなブログ」では、登録から開設までがわかりやすく、とても簡単です。

「はてなID」を取得する

ブログを利用するために、まずは「はてなID」（アカウント）を取得しましょう。
「https://hatenablog.com/」にアクセスします。

1 「ブログ開設（無料）」をクリック

https://hatenablog.com/にアクセスすると、「はてなブログ」のトップページが開くので、画面右上にある「ブログ開設（無料）」をクリックします。

クリックします

2 「はてなIDを作成」ボタンをクリック

「はてなIDを作成」ボタンをクリックします。

はてなブログをはじめよう

簡単にはじめられて奥深い、はてなブログの世界へようこそ。

クリックします

3 登録画面の入力

「はてなユーザー登録」画面が開きます。はてなID、パスワード、メールアドレスを記入します。はてなIDは希望の英数字を入力します。なお、一度決めたIDは変更できません。すべて入力したら、「入力内容を確認」ボタンをクリックします。

 Googleアカウントを利用してログイン

Googleアカウントを利用してログインし、はてなブログを開設することもできます。

G　Googleで登録する

はてなユーザー登録

1.入力します

2.クリックします

14

4 「登録する」ボタンをクリック

内容を確認して、問題なければ「登録する」ボタンをクリックします。

5 本登録用URLがメールで届く

登録の際に記入したメールアドレスに確認メールが届きます。
メール本文に「本登録用URL」が記載されているのでクリックします（クリックで開かない場合は、URLをコピーしてアドレスバーに貼り付けます）。

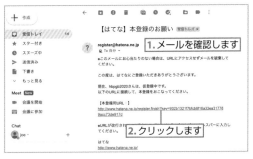

6 登録完了

「はてなID」でログインした状態で、「はてなブログ」のトップ画面に戻ります。画面右上に、自分のはてなIDが表示されているのを確認します。これで登録が完了しました。

🔅 はてなブログの開設

IDの登録を済ませたら、ブログを開設します。ブログの開設時にはブログのURLを決めます。

1 「ブログ開設（無料）」をクリック

「はてなブログ」のトップページ（https://hatenablog.com/）を開き、画面右上にある「ブログ開設（無料）」をクリックします。

2 ブログのURLを決める

「かんたんブログ作成」ページが開きます。https:// の後の部分のURLを決めます。
URLは後から変更できないので、慎重に決めてください。記入欄の方は自由に決めることができます。
すでに同じ名前の登録がなければ、「このURLは取得可能です」と表示されます。
「.hatenablog.com」の部分はいくつか候補から選択が可能です。

.hatenablog.com
.hatenablog.jp
.hateblo.jp
.hatenadiary.com
.hatenadiary.jp

の中から好きなものを選びましょう。

どのドメインを選んでもいい

「はてなブログ」では、「.hatenablog.com」や「.hatenablog.jp」など、いくつかのドメインからURLを選択できます。ブログの機能は変わりませんので、気にいったものを選びましょう。

利用できる文字

URLに利用できる文字は、アルファベット(a-z)数字(0-9)ハイフン(-)です。大文字と小文字は区別されません。

3 選択範囲を選択

すべての人に公開をするか、自分のみに公開をするか選択をします。

4 認証チェック

「私はロボットではありません」にチェックをし、「ブログを作成」をクリックします。

かんたんブログ作成

ブログのURLを決めてください
https:// hbpgb2020 .hatenablog.com ÷

1. 好きな文字列を入力します
3. 選択します
✓ このURLは取得可能です。
2. 確認します
※ブログのURLは後で変更できません。

ブログを公開したい範囲を選んでください
● すべての人に公開
○ 自分のみ
4. 選択します
※公開範囲は後で変更できます（友達のみに公開するなどのカスタマイズも可能です）。

クリックして ✔ を付けてください
□ 私はロボットではありません
reCAPTCHA
プライバシー・利用規約
5. チェックを付けます

作成ボタンをクリックしてください
ブログを作成
6. クリックします
あなたのブログを作成します。さあ、書き始めましょう。
はてなブログの契約利用に関する方針

キャンセル

5 ブログが作成される

「はてなブログ」の開設が完了です。既存のテンプレートが適用されている状態で表示されます。

ブログができました

Step 1-3

✒ ログイン / ログアウトする

「はてなブログ」へのログインは、14ページで設定した「はてなID」と「パスワード」を利用します。作業が終わった後も、そのままログインを継続していても問題はありませんが、同じPCを複数人で利用している場合などはログアウトしましょう。

✒ ログインする

ブログを書いたり、編集するときは、「はてなブログ」にログインします。

1 ログインをクリック

はてなブログのトップページ（https://hatenablog.com/）にアクセスし、上部メニューの「ログイン」をクリックします。

2 ログイン情報を入力する

ログイン画面が開くので、はてなIDもしくは登録メールアドレスとパスワードを入力して「送信する」をクリックします。画面上部のメニューに自分の「はてなID」が表示されるとログイン完了です。

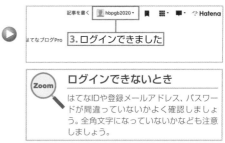

ログインできないとき

はてなIDや登録メールアドレス、パスワードが間違っていないかよく確認しましょう。全角文字になっていないかなども注意しましょう。

✒ ログアウトする

上部メニューのはてなIDをクリックするとメニューが表示されます。
「ログアウト」を選択すると、「はてなブログ」からログアウトできます。

Step 1-4

複数のブログを作る

「はてなブログ」では、1つの「はてなID」で無料版なら3つ、Pro(有料プラン)なら10個までブログを作成できます。テーマによってブログを使い分けることが可能です。

2つ目以上のブログの作成方法

2つ目以降のブログ作成は、「ダッシュボード」から行います。「はてなブログ」にログインし、画面上部の「はてなID」をクリックして「ダッシュボード」を選択します。「ダッシュボード」の「マイブログ」には、これまで作成したブログが表示されています。

その下の「新しいブログを作成」をクリックすると、2つ目のブログの作成画面が開きます。後は、16ページからと同じ手順でブログを作成します。

ブログを切り替える

「ダッシュボード」でブログを切り替えられます。

ブログ名をクリックして切り替える

「ダッシュボード」の左上に表示されているブログ名をクリックすると、作成したブログがすべて表示されます。この中から管理したいブログを選んで切り替えます。

簡易的なブログの切り替え

「記事を書く」「記事の管理」「アクセス解析」などは、マイブログに並ぶ各ブログの右側にあるボタンから行えます。

Step 1-5

 記事のエクスポートとインポート

Part 1

「はてなブログ」のバックアップはエクスポート機能で行います。他のブログサービスから「はてなブログ」に引っ越しする場合は、ブログ記事のインポート機能を使います。

🖊 記事をエクスポートする

「はてなブログ」の記事は、エクスポート（MT形式で書き出し）できます。ブログのバックアップや他のブログサービスに引っ越す場合などに役立ちます。

1 IDをクリック

「はてなブログ」にログインしている状態で、上部メニューに表示されている自分のIDをクリックします。
表示されたメニューの中から「ダッシュボード」を選択します。

2 エクスポートの画面へ

「ダッシュボード」が開きます。「設定」メニューを開き、「詳細設定」をクリックします。
「エクスポート」欄の「記事のバックアップと製本サービス」をクリックします。

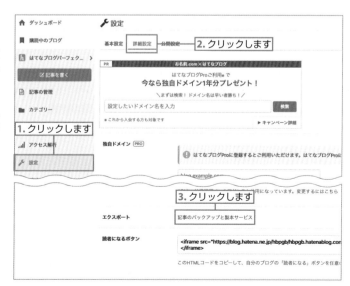

3 ダウンロードする

「（ブログ名）をエクスポートする」をクリックし、読み込みが終わったら「ダウンロードする」をクリックします。

4 エクスポート完了

ブログのエクスポートが完了しました。

「ブログのURL.export.txt」という名前で保存されています。

```
AUTHOR: hbpgb
TITLE: スマートフォンのメールから投稿
BASENAME: 2016/04/29/021658
STATUS: Draft
ALLOW COMMENTS: 1
CONVERT BREAKS: 0
DATE: 02/23/2016 16:24:34
BODY:
<p>普段使っている<a class="keyword" href="http://d.hatena.ne.jp/keyword/%A5%B9%A5%DE%A1%BC%A5%C8%A5%D5%A5%A9%A5%F3">スマートフォン</a>のメールアプリから投稿を出来ます。</p>
<p> </p>
<p>絵文字は使えるか</p>
-----
AUTHOR: hbpgb
TITLE:
BASENAME: 2016/06/21/022018
STATUS: Draft
ALLOW COMMENTS: 1
CONVERT BREAKS: 0
DATE: 06/21/2016 02:20:18
BODY:
<h3><span style="font-size: 200%;">これは大見出しです。</span></h3>
<p> </p>
-----
AUTHOR: hbpgb
TITLE: 記事紹介やSNSで共有された際に表示される大事な画像
BASENAME: 2016/06/21/013538
STATUS: Draft
ALLOW COMMENTS: 1
CONVERT BREAKS: 0
DATE: 06/21/2016 01:35:38
IMAGE: https://cdn-ak.f.st-hatena.com/images/fotolife/h/hbpgb/20160210/20160210061100.jpg
BODY:
<p><br /><strong>自分のブログの過去記事</strong>の紹介や他の<a class="keyword" href="http://d.hatena.ne.jp/keyword/
```

⚫ ブログ記事をインポートする

他のブログサービスから「はてなブログ」に引っ越してきたときは、エクスポートした記事を「はてなブログ」でインポートします。

1 ファイルの選択

「ダッシュボード」を開き（前ページの手順 1）、「インポート」メニューを開きます。
インポートするデータ形式とファイルを選択し、「文字コード選択へ進む」をクリックします。

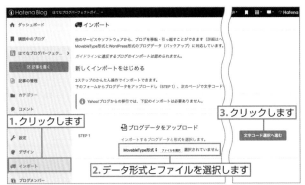

対応ファイル形式

インポートファイルはMovableType形式とWordPress形式のブログデータに対応しています。

2 文字コードを指定する

「utf-8」が選択されていることを確認して、「インポートする」をクリックします。

3 インポートがはじまる

記事のインポートがはじまります。画面に「インポートしています」と表示されます。
インポートが完了すると、過去のインポートとしてログが表記されているのが確認できます。

4 移行が完了する

ログの下に元ブログから移行できる画像の一覧が表示されます。「移行する」をクリックします。移行を完了すると、「移行完了」と表示されます。

クリックすると元ブログから移行できます

Zoom

一覧には自分以外の画像も表示される

移行できる画像の一覧には、Instagram
やFlickr、Amazonなどの自分の画像ではないものも表示されてしまいます。
自分の元ブログの画像だけを選択して移行してください。

インポートの取り消し

インポート画面の「インポートを取り消し」をクリックすると、インポートしたすべての記事が消去されます。

クリックするとインポートしたすべての記事が消去されます

Zoom

画像の表示

ブログ記事にある画像は、元にあるサイトやブログに置いてあるデータを読み込んで表示されています。元のサイトやブログ、データの消去をしてしまうと、はてなブログで表示できなくなってしまいます。元のサイトを消す場合は、「はてなブログ」で改めて画像を貼り直すか画像データの移行をしましょう。

Step 1-6

 ## ブログを削除する / ヘルプを見る

「はてなブログ」の削除は「ダッシュボード」から行います。また、困ったことやわからないことがあるときは、はてなブログのヘルプページやお問い合わせを利用しましょう。

◉「はてなブログ」を削除する

「はてなブログ」の削除は、「ダッシュボード」▶「設定」▶「詳細設定」から行います（63ページ参照）。詳細設定画面の一番下にある「ブログ削除」をクリックすると確認画面が表示されるので、「削除」を選択するとブログが削除されます。削除したブログは復帰できません。ブログは非表示にすることもできるので（68ページ参照）、本当に消しても良いか、よく考えてから行いましょう。

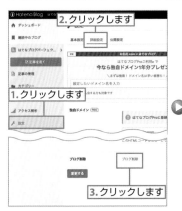

◉ 困ったときは

「はてなブログ」で何か困ったことがあれば、ヘルプページを確認してみましょう。
それでもわからない場合は、はてなに直接問い合わせることもできます。

はてなブログ ヘルプ
https://help.hatenablog.com/

よくある質問一覧と、直接のお問い合わせ
https://www.hatena.ne.jp/faq/q/blog

Part 2

記事を投稿する

はてなブログの登録、開設ができた
ら、次は記事の投稿です。ブログ記
事を投稿するまでを各投稿ツールの
説明を交えて解説します。

Step 2-1

ブログ記事を投稿しよう

はてなブログへの登録が済んだら、記事を投稿してみましょう。ブログ記事は、文字を打つだけなく各ツールやオプションを使ってさまざまな種類の記事が書けるのですが、ここではまず、シンプルな記事を投稿して流れをつかみましょう。

記事を書く

記事を書くためにはいくつかの方法がありますが、最初はわかりやすく、はてなブログのトップページ（https://hatenablog.com/）にアクセスし、ここから記事を書いてみましょう。

1 「記事を書く」をクリック

https://hatenablog.com/にアクセスし、ログインします（17ページ参照）。画面上部にある「記事を書く」をクリックします。

2 記事編集画面

記事編集画面が開きます。この画面が、はてなブログでの記事の投稿、編集の画面となります。
まずは基本的な、「編集見たまま」モードで記事を投稿してみましょう。

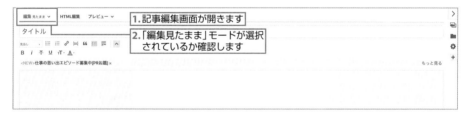

3 タイトルと本文を入力

タイトルと表記されている部分にタイトルを入力します。今回は「はじめての投稿」と入れてみました。
次に本文入力画面に本文を入力します。
通常の改行は Shift + Enter キー、ブロックとしての改行は Enter キーのみで行います。
「通常の改行は Shift + Enter キー」「段落を分けるときは Enter キーのみ」のように使い分けるとよいでしょう。

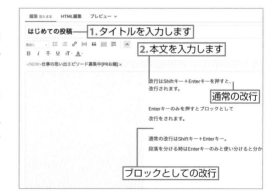

4 サイドバーメニューで編集する

サイドバーのメニューからカテゴリーを追加したり、写真の投稿もできます。詳しくは後述します。
ここでは、このまま投稿してみましょう。

5 「プレビュー」をクリックする

投稿の準備が終わったら、最後に記事がどのように投稿されるかを確認します。
画面上部にある「プレビュー」をクリックします。

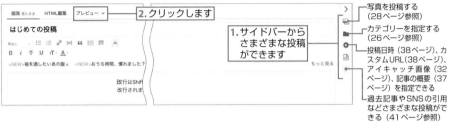

2.クリックします

1.サイドバーからさまざまな投稿ができます

写真を投稿する（28ページ参照）
カテゴリーを指定する（26ページ参照）
投稿日時（38ページ）、カスタムURL（38ページ）、アイキャッチ画像（32ページ）、記事の概要（37ページ）を指定できる
過去記事やSNSの引用などさまざまな投稿ができる（41ページ参照）

6 プレビュー画面が表示される

プレビューで記事を確認したら、画面左下の「公開する」ボタンをクリックします。再度、記事を修正したい場合は画面左上の「編集 見たまま」をクリックして、投稿編集画面に戻ります。

編集画面に戻るときにクリックする

1.プレビューを確認します

2.「公開する」ボタンクリックします

Zoom 記事を下書き保存する

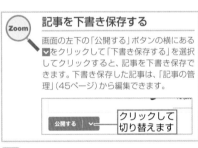

画面の左下の「公開する」ボタンの横にある ▽ をクリックして「下書き保存する」を選択してクリックすると、記事を下書き保存できます。下書き保存した記事は、「記事の管理」（45ページ）から編集できます。

公開する ▽

クリックして切り替えます

7 記事を確認する

ブログを公開すると、「ブログを更新しました」という画面に移行します。
ここでSNSへのシェアもできますが、SNSへの投稿はPart 8で解説するので、「記事を見る」をクリックして公開した記事を見てみましょう。これで記事が公開されました。

1.クリックします

2.記事が投稿できました

Zoom 記事の公開範囲について

通常、記事を投稿するとだれでも閲覧可能な状態になりますが、68ページの方法で公開範囲を自分のみ（自分以外は見られない非公開状態）にも設定できます。

Step 2-2

カテゴリーを指定して投稿する

カテゴリー分けをして記事を投稿すると、ブログを見てくれる人が記事を探しやすくなるのはもちろんですが、カテゴリー分けはSEO（212ページ参照）にも有効です。

ブログ記事のカテゴリーとは

記事は、「カテゴリー」を使って話題ごとに分類できます。例えば、日記を書いたときには「日記」カテゴリー、料理の作り方を書くときは「料理レシピ」カテゴリーに記事を分類します。

カテゴリーには自分で自由に名前を付けられるので、わかりやすいように分類すると、自分にとっても見る人にとっても便利です。カテゴリーを指定しない場合には、カテゴリーはつきません。

子カテゴリーはない
はてなブログは子カテゴリーには対応しません。

カテゴリーはサイドバーなどに一覧して表示され（表示方法は96ページ参照）、クリックすると各カテゴリーの記事だけが表示されます

カテゴリーを指定して記事投稿する

ブログの投稿時にブログをカテゴリーに分別して投稿できます。

新規にカテゴリーを作成するか、すでに作ってあるカテゴリーを選択します。

1 カテゴリーウィンドウを開く

新規記事を作成して、25ページの手順 4 でサイドバーメニューの ■ をクリックすると、カテゴリーウィンドウが開きます。

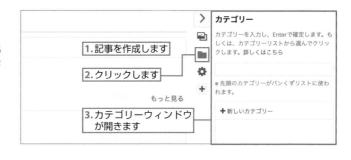

1.記事を作成します

2.クリックします

3.カテゴリーウィンドウが開きます

もっと見る

カテゴリー

カテゴリーを入力し、Enterで確定します。もしくは、カテゴリーリストから選んでクリックします。詳しくはこちら

※先頭のカテゴリーがパンくずリストに使われます。

＋新しいカテゴリー

2 カテゴリーを作成する

最初はカテゴリーが何もありません。記入欄に入力して Enter キーで確定するとカテゴリーが作成され、同時にカテゴリーリストに並びます。
カテゴリーリスト上部の「＋新しいカテゴリー」をクリックしても同様に、新規カテゴリーを作成できます。

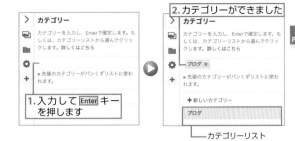

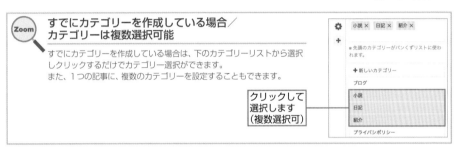

**すでにカテゴリーを作成している場合／
カテゴリーは複数選択可能**

すでにカテゴリーを作成している場合は、下のカテゴリーリストから選択しクリックするだけでカテゴリー選択ができます。
また、1つの記事に、複数のカテゴリーを設定することもできます。

3 投稿する

カテゴリーを設定できたら、「投稿する」をクリックして記事を投稿します（25ページ参照）。記事はカテゴリー別に分けられて投稿されます。

2020-05-21

はじめての投稿

ブログ　記事　紹介

改行はShiftキー＋Enterキーを押すと、
改行されます。

ⓘ カテゴリーの編集

カテゴリー名の編集や使用しないカテゴリーの削除は「ダッシュボード」（50ページ参照）から行います。「ダッシュボード」▶「カテゴリー」を選択すると、カテゴリー名の変更やカテゴリーの削除が可能です。「ダッシュボード」のカテゴリー画面についての詳細は、55ページでも解説します。

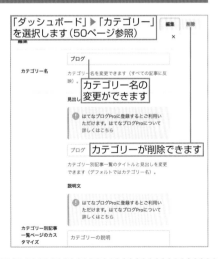

記事は削除されない

カテゴリーを削除してもカテゴリーの中の記事は削除されません。

投稿済の記事のカテゴリーを修正する

投稿済の記事に設定しているカテゴリーを修正する場合は記事の編集画面（45ページ参照）で修正します。

Step 2-3

写真の投稿と
アイキャッチ画像の指定

サイドバーメニューを利用すると、さらに高度な記事を投稿できるようになります。まず
は画像を入れたブログ記事を投稿してみましょう。また、アイキャッチ画像の設定もでき
ます。操作は簡単なので、記事の投稿に取り入れてみましょう。

記事に写真を入れてみよう

記事に写真を入れコンテツをリッチに仕上げて
みましょう。使用した写真は後で説明するアイ
キャッチにも挿入できます。

画像のアップロード場所

画像のアップロードははてなサービスの1つで
ある、「はてなフォトライフ」にアップロードさ
れます。事前に登録しなくても、写真を投稿す
れば自動登録（無料）されます（次ページ参照）。

1　写真投稿ウィンドウを開く

新規記事を作成して、25ページの手順4でサイド
バーメニューの🖼をクリックすると、写真投稿ウィ
ンドウが開きます。「＋写真を投稿」をクリックして、
ブログに掲載したい写真をアップロードします。

1.クリックします
2.クリックします

2　画像を選択する

投稿する写真を選択して、「開く」ボタンをクリックします。
写真の詳細設定のポップアップが表示されます。「キャプション」と書かれているフォームに説明を記入すると、
投稿された画像の下にキャプションが表示されます。何も記入しないと投稿された画像だけが表示されます。

1.クリックします
2.クリックします

3.写真の説明を記入
　できます

4.クリックします

下記Zoom参照

画像にalt属性を指定する

オプションで「画像にalt属性を指定する（上級者向け）」を設定できます。
チェックボックスをクリックすると指定できるようになります。alt属性
は、画像が表示されなかった場合や音声読み上げの際に使用されます。
画像を説明するような内容を指定しましょう。

☑ 画像にalt属性を指定する（上級者向け）

画像の代替テキスト

3 画像がアップロードされた

画像がアップロードされました。アップロードした画像は画像投稿ウィンドウに表示され、自動的に本文にも投稿されます。

投稿されました

ここにキャプションが表示される

手動で記事中に写真を入れたい場合は、挿入したい場所にカーソルを合わせて、写真のサムネイルをダブルクリックすると、写真が本文に貼り付けられます

TIPS ▶▶▶

写真の大きさを変更するには

画像をクリックするとサイズ調整枠が表示されるので、四隅にある□をドラッグして調整を行います。ドラッグだけの場合は比率が固定され、Shift キーを押しながらドラッグすると比率を変更できるようになります。
ここで調整できるのは見た目の大きさだけです。見た目を小さくしてもファイルサイズの変更はされないので注意しましょう。画像にキャプションを入れた場合は、この方法では写真の大きさは変更できません。

ドラッグして大きさを変更します

ⓘ アップロードした写真はすべて「はてなフォトライフ」に保存されている

前ページの手順でアップロードした画像はすべて「はてなフォトライフ」という場所に保存されています。

「はてなフォトライフ」について

はてなフォトライフははてなのサービスの1つで、写真や画像の管理ができるサービスです。ブログに投稿した写真はすべて、この「はてなフォトライフ」の「Hatena Blog」というフォルダに自動的に保存されます。
記事内の写真を削除しても、写真ははてなフォトライフに保存されているので、一度アップロードした画像は何度でも使えます。
「はてなフォトライフ」はだれでも見られる設定ですが、「Hatena Blog」フォルダは本人のみが閲覧できる設定になっています。

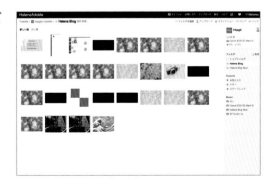

アップロードした写真を削除する/編集する

はてなフォトライフにアップロードした画像を削除、または編集するには以下の手順で行います。

1 「はてなフォトライフ」をクリック

画面右上のメニューの「サービス一覧」のアイコンをクリックして、「はてなフォトライフ」をクリックします。

2 編集したい画像をクリック

「はてなフォトライフ」の画面が開くので、編集したい画像をクリックします。

3 「画像を編集」をクリック

画像の詳細画面が表示されます。画像の下にある「画像を編集」をクリックします。

4 画像を削除する

画面下にある「画像を削除する」をクリックすると、「はてなフォトライフ」から画像を削除できます。

5 画像を編集する

画像の編集をしたい場合は、タイトルやサイズなどを入力して「この内容に変更する」をクリックします。ここでは、「画像サイズ」を400ピクセルにしました。

画像サイズの変更について

画像サイズの指定は、長辺のみの入力になります。横長の画像であれば横辺の長さを指定すれば縦は比率を保ったまま縮小されます。拡大はできません。

ブログ内の画像は貼り直す

記事を編集中に「はてなフォトライフ」で画像を編集しても、リアルタイムには変更されません。写真を一度削除して、再度貼り付けましょう。

ⓘ アイキャッチ画像を設定する

アイキャッチ画像とは記事の一覧や、ブログのサイドバーの新着や人気の記事一覧などに表示される画像のことです。また、アイキャッチ画像は、他のユーザーの記事紹介やSNSで共有されたときにも表示されます。「画像によって目を引く」ことから、アイキャッチと呼ばれています。

アイキャッチ画像を見てみよう

ブログ内でのアイキャッチ画像はサイドバーの記事リンクやカテゴリー毎のページ一覧で利用されます。アイキャッチを指定しない場合は表示されません。

カテゴリー記事一覧ページでのアイキャッチ画像表示例

 関連記事へのリンクなどにも表示される

ブログ内の関連記事へのリンクなどにもアイキャッチ画像が使われます。

記事紹介やSNSで共有された際に表示される大事な画像

自分の過去記事を紹介したときや、他のはてなブログで記事が紹介されたとき、SNSで記事が共有されたときにも指定されたアイキャッチ画像が表示されます。SNSの場合は指定していなくても記事内の写真が自動的にアイキャッチ画像として表示されることもありますが、意図しない画像が表示されてしまうこともあるので、アイキャッチ画像を指定しておくと良いでしょう。

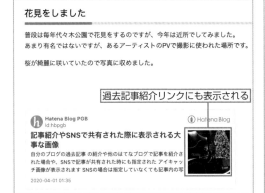

過去記事紹介リンクにも表示される

Facebookでシェアされたときのアイキャッチ画像

アイキャッチ画像を設定して記事を投稿する

アイキャッチとして利用できる画像は記事中に使用している画像のみとなります。もしも記事中に画像がない場合は、デフォルトのアイキャッチ画像（65ページ参照）が使用できます。

「編集オプション」⚙をクリック

新規記事を作成して、25ページの手順4でサイドバーメニューの⚙をクリックすると、「編集オプション」ウィンドウが開きます。

2 アイキャッチ画像を選択する

アイキャッチ画像リストに、記事内で使っている画像が並びます。この中からアイキャッチに使用したい画像を選択して、記事を投稿します。

> **Zoom**
> ### アイキャッチ画像が表示されない
> 記事内の写真が「アイキャッチ画像」欄に表示されてない場合は、リフレッシュマークをクリックして画面を再度読み込みます。

アイキャッチ付きの記事が投稿できた

カテゴリーページや月表示のページで、アイキャッチ画像が設定されているのが確認できます。

> **Zoom**
> ### SNSからのアクセスに効果的
> アイキャッチ画像は、ブログ内やSNSなどで共有されたときにイメージとして表示されるので、記事の内容を表すような写真や画像をアイキャッチにすると伝わりやすいでしょう。
> また、アイキャッチと合わせて記事の概要に記事の内容の説明などを書いておく（37ページ参照）と、SNSなどからの流入につながりやすくなります。

2020-04-04
桜が咲いてたので近所へ花見に行きました。

花見をしました 普段は毎年代々木公園で花見をするのですが、今年は近所でしてみました。あまり有名ではないですが、あるアーティストのPVで撮影に使われた場所です。桜が綺麗に咲いていたので写真に収めました。

2020-04-01
記事紹介やSNSで共有された際に表示される大事な画像

自分のブログの過去記事の紹介や他のはてなブログで記事を紹介された場合や、SNSで記事が共有された時々も指定された アイキャッチ画像が表示されます SNSの場合は指定していなくても記事内の写真が自動的にアイキャッチ画像として表示されることもあります...

2016-05-17
iTunes商品の紹介

スマートフォンからiTunes商品の紹介をしてみましょう。はてなブログ株式会社 はてなソーシャルネットワーキング無料

Step 2-4

記事を装飾する

書いた記事を編集してみましょう。画像を挿入したりして記事を装飾していきます。文字を書くだけでなく装飾をすることも、ブログの楽しみのひとつです。

記事を装飾する

ブログでは記事に書いた文章に見出しを付けたり、色を変えたり、文字の大きさを変えたりできます。見た目がよくなるだけでなく、どこが見出しで何を強調しているのかなど読んでいる人にわかりやすくなります。装飾をして、より伝わる記事を作成しましょう。

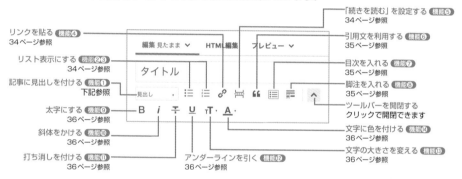

機能❶ 記事に見出しを付ける

節のはじめには見出しを設定すると見やすくなります。見出しとなる文字を選択し、「見出し」のプルダウンメニューから選択します。はてなブログの見出しはHTML表示にすると、大見出しは<H3>、中見出しは<H4>、小見出しは<H5>となります。文字の大きさはテーマの設定によって異なります。

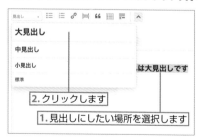

見出しを付けよう

見出しを付けることは、SEO対策(212ページ参照)にも有効です。検索エンジンがどんな記事を書いているのか読み取りやすくなります。また、ユーザビリティにおいても見る人がわかりやすくなるので、記事には見出しを付けることをおすすめします。

機能❷❸ リスト表示にする

記事中に箇条書きリストを使いたい場合は、テキストを選択し、☰をクリックしてリストを入力します。Enter キーを押すと下にリストが増えていきます。Shift + Enter キーを押すと1つのリスト内に改行を入れることができます。箇条書きリストを解除したいときには Enter キーを2回押します。
数字リストで表示したい場合は☰をクリックしてリストを作成します。

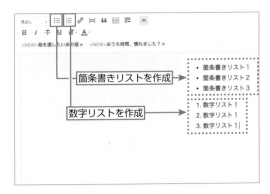

機能❹ リンクを貼る

𝒫をクリックすると、サイト内、サイト外にリンクを貼ることができます。𝒫をクリックし、URL記入欄にURLを入力>「プレビュー」ボタンをクリックします。「埋め込み」「タイトル」「URL」の中から、好きな方法を選択して、「選択した形式でリンクを挿入」ボタンをクリックするとリンクを表示できます。

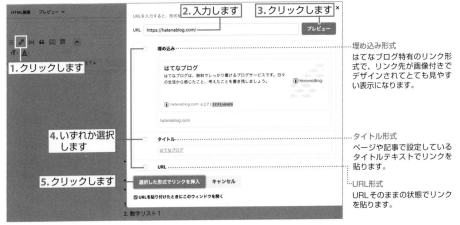

機能❺ 「続きを読む」を設定する

記事を途中まで表示させて、「続きを読む」をクリックすると記事全文が表示されるように設定します。表示させたい部分を決めカーソルを合わせて▤をクリックします。この機能はトップページの記事一覧ページで有効になります。

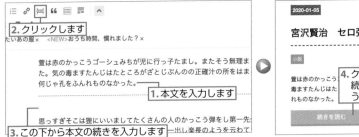

機能⑥ 引用文を利用する

他の人の文章を扱う場合には、自分の文章と引用文の違いが一目でわかるように「引用」を利用します。引用文の最後には「引用元」として引用元のリンクや参考文献等の表記をすると良いでしょう。引用するテキストをすべて選択し、❝ をクリックすると、選択した部分が引用文になります。

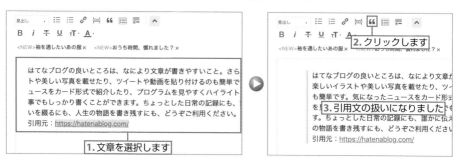

機能⑦ 目次を入れる

☰ をクリックすると、文章中に［:contents］というタグが挿入され、テキストの中で見出しに指定している部分が目次としてまとめられます。

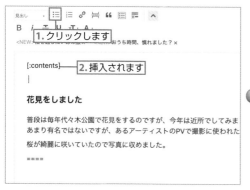

機能⑧ 脚注を入れる

注脚を挿入したいテキストの前か後にカーソルを合わせて☰をクリックすると、((ここに脚注を書きます))と表示されるので、(( ))内に脚注テキストを入力します。記事を投稿すると、脚注を入れた場所に「*1」と表示され、記事の最後に入力した脚注が表示されます。

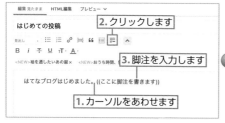

機能⑨ 太字にする

文中に強調したい言葉がある場合は文字の太さを変えて目立たせます。文字を選択し、B をクリックします。

2.クリックします

見出し　≡ ≡ ∂ 🔗 ❝ ≡ ≣ ∧
B *i* ꝶ U T· A·
`<NEW>`袖を通した　**1.選択します**　ち時間、慣れました？×

強調したい文字を**太字**にしてみよう

機能⑩ 斜体をかける

主に引用した文章や言葉には斜体をかけて、自分の文章や言葉との違いをつけます。文字を選択し、*i* をクリックします。

2.クリックします

見出し　≡ ≡ ∂ 🔗 ❝ ≡ ≣ ∧
B *i* ꝶ U T· A·
`<NEW>`袖を通したいあの服×　`<NEW>`おうち時間、慣れました？×

文字に斜体をかける。──**1.選択します**

機能⑪ 打ち消しを付ける

一度書いた文章を訂正する場合に、消去ではなく、文章を残したい場合に打ち消しを使います。文字を選択し、ꝶをクリックします。

2.クリックします

見出し　≡ ≡ ∂ 🔗 ❝ ≡ ≣ ∧
B *i* ꝶ U T· A·
`<NEW>`袖を通したいあの服×　`<NEW>`おうち時間、慣れました？×

打ち消しをする。──**1.選択します**

機能⑫ アンダーラインを引く

これも文章を強調したいときに使います。文字を選択し、Uをクリックします。

2.クリックします

見出し　≡ ≡ ∂ 🔗 ❝ ≡ ≣ ∧
B *i* ꝶ U T· A·
`<NEW>`袖を通したいあの服×　`<NEW>`おうち時間、慣れました？×

アンダーラインをひく。──**1.選択します**

機能⑬ 文字の大きさを変える

文字の大きさを変更するには、テキストを選択し、ꞱT·をクリックします。大（200%）中（150%）標準（100%）小（80%）の中から選択します。
普通の大きさに戻したい場合は標準を選択します。

クリックして文字サイズを設定

見出し　B *i* ꝶ U T· A·
`<NEW>`袖を通したいあの服×　`<NEW>`おうち時間、慣れました？×

文字の大きさを変える（大）
文字の大きさを変える（中）
文字の大きさを変える（標準）

機能⑭ 文字に色を付ける

文字の色を変更するには、テキストを選択しA·をクリックします。カラーパレットが表示されるので、その中から好きな色を選びましょう。標準の色に戻したい場合は、リセットをクリックします。

クリックして文字色を設定

見出し　B *i* ꝶ U T· A·
`<NEW>`袖を通したいあの服×　`<NEW>`おうち時間、慣れました？×

文字の色を変える

Zoom HTML編集

「HTML編集」モードを使うと、HTMLを使って記事編集できます。

編集 見たまま　**HTML編集**　プレビュー ⌄

```
<p><br /><strong>自分のブログの過去記事</strong></p>
の紹介や他のはてなブログで記事を紹介された場合や、SNSで記事が共有された時にも指定された
<span style="color: #ff5252;">アイキャッチ画像が表示されます</span>
SNSの場合は指定していなくても記事内の写真が自動的にアイキャッチ画像として表示されることもありますが、意図
するので、アイキャッチ画像を指定しておくと良いでしょう。</p>

<p><img class="hatena-fotolife" title="f:id:hbpgb:20160210061100j:plain" src="//cdn-ak.f.st-hatena.com/i
/20160210061100.jpg" alt="f:id:hbpgb:20160210061100j:plain" /></p>
```

Step 2-5

記事の概要/投稿日時/URLを 指定して投稿する

記事編集画面では記事の投稿を予約したり、記事ページのURLに任意の名前を付けたり できます。記事を投稿するときに合わせて使いたい機能を紹介します。

◉「記事の概要」を設定する

「記事の概要」を設定しておくと、検索画面での表示やSNSでシェアされたとき、また注目エント リーなどで記事が紹介されたときに、記述した内容が表示されるようになります。概要文は記事自 体には表示されませんが、シェアされたときに大きな意味を持ってくるので設定しておきます。何 も設定をしていないと、本文の上から数文字が記事の概要として表示されます。

設定した「記事の概要」が紹介文として表示される

設定していない場合は記事の冒頭が表示される

記事の概要を設定する

記事の作成画面（24ページ参照）でサイドバーメニューの🔧をクリックすると、「編集オプション」ウィンド ウが開きます。「記事の概要」欄に、読者が読みたくなるような記事の概要文を入力します。

投稿日時の変更／予約投稿をする

記事の作成画面（24ページ参照）でサイドバーメニューの🔧をクリックして、「編集オプション」
ウィンドウから「投稿日時」の設定ができます。

リアルタイムで記事を投稿する場合は、投稿日時を変更する必要はありません。

過去の日付や時間で投稿したい場合や、記事の予約投稿をする場合に、好きな年月日と時間を指定
できます。予約投稿をする場合は、「指定日時で予約投稿する」をチェックします。

当日の予約投稿は注意

当日の予約を投稿する場合、時間だけを設定すると「指定日時で予約投稿する」のチェック欄が有効になりません。
当日で予約投稿する場合でも、必ず年月日と時間を指定するようにしましょう。

「カスタムURL」で記事のURLを好きな文字列にする

記事の作成画面（24ページ参照）でサイドバーメニューの🔧をクリックして、「編集オプション」
ウィンドウから「カスタムURL」を使うと、投稿する「https://hbpgb.hatenablog.com/
entry/」以降の記事のURLを任意の文字列に変更できます。英数字だけでなく日本語も使えます。
そのまま記入せずに投稿した場合は、「年／月／日／時間」がURLとなります。

例：カスタムURLを指定 ➡ https://hbpgb.hatenablog.com/entry/diary001
　　カスタムURLを指定しない場合 ➡ https://hbpgb.hatenablog.com/entry/2020/15/24//012219

URLには、どんなキーワードを使えばいいの？

カスタムURLには記事に関するワードを入れるのが好
ましいでしょう。カスタムURLの利用は好みの問題な
ので、人それぞれです。SEOを考えた場合でも損得はあ
りません。ですが、ユーザーファーストを考えた場合、
閲覧者がURLを見たときにどんな記事なのかわかりや
すい、本人がアクセス解析等でURLを見れば一目でわ
かるなどの理由から、カスタムURLの利用をオススメ
します。

日本語のURL

https://hbpgb.hatenablog.com/
entry/はじめての記事 というように、カ
スタムURLを日本語にすることもできま
す。しかし、日本語URLは、一部のサイト
ではエンコードされずに表記されてしまっ
たり、長すぎて途切れてしまいリンクが無
効となってしまう場合があります。英数字
を使った方が無難です。

Step 2-6

YouTube/過去記事などを挿入する

ここまでで紹介した基本的なメニューツール以外にも、過去記事や動画の貼り付け等、はてなブログには簡単で便利な機能がいくつも用意されています。ここでは、その中でもよく使うツールを説明していきます。よく使うツールは、サイドバーメニューにボタンを追加すると便利です（44ページ参照）。

＊ YouTubeの動画を記事に挿入する

YouTube動画の挿入も、とても簡単です。特にアカウントは必要ありません。YouTubeにアップロードされている動画ならどれでも簡単に紹介できます。

1 「YouTube貼り付け」をクリック

記事の作成画面で（24ページ参照）サイドバーメニューの＋（追加）をクリックすると「編集サイドバー」ウィンドウが開きます。「YouTube貼り付け」をクリックします。

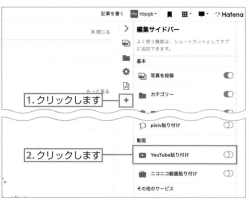

> **Zoom** 「リンク」ボタンから貼り付け
>
> YouTube動画は、リンクの挿入ボタン 🔗（34ページ参照）でURLを直接本文に入力しても貼り付けられます。リンク形式は「埋め込み」を選択します。画面の大きさや枠の有無、タイトルの表示が違いますが、モバイルで見たときの表示は同じになります。

2 「選択ウィンドウを開く」をクリック

「選択ウィンドウを開く」をクリックします。

3 キーワード入力

検索ボックスに入れたい動画のキーワードを入力します。

4 動画を挿入する

紹介する動画が見つかったらクリックして選択します。「選択」ボタンをクリックすると、動画が記事内に挿入されます。

⊕ 過去記事を貼り付ける

投稿済記事へのリンクを本文に貼ることができるのもはてなブログの特徴です。
リッチな表示で目立つ表示で挿入できるので、積極的に利用してみましょう。

1 「過去記事貼り付け」を クリック

記事の作成画面（24ページ参照）
で、サイドバーメニューの＋（追加）
をクリックすると「編集サイド
バー」ウィンドウが開きます。
「過去記事貼り付け」をクリックし
ます。

2 記事を選択する

過去記事がリストされます。この中
からリンクしたい記事をクリックし
「選択したアイテムを貼り付け」を
クリックします。

3 過去記事が挿入される

過去記事へのリンクが本文に貼り付
けられます。

本文に貼り付けられます

Zoom　記事の最後に過去記事へのリンクを貼ろう

記事の最後に関連する話題の過去記事へのリンクを貼っておくと、過去記事も一緒に読んでもらえる可能性が高く
なります。リンクを貼る過去記事は、同じカテゴリーの記事が好ましいです。ブログの回遊率とPV（ページビュー）
数を上げ、1つでも多くの記事を読んでもらえるように工夫しましょう。

その他のメニューの貼り付け

他の貼り付けメニューも使い勝手の良いツールなので、ブログの趣旨に合わせて使いましょう。

SNSなどの他のサービスと連携する場合など、一部機能では各サービスのアカウントや認証が必要です。

2. メニューを選択します

1. クリックします

Ⓐ写真を投稿 …………………… 28ページ参照
Ⓑカテゴリーを作る ……………… 26ページ参照
Ⓒ編集オプションのメニューを使う … 37ページ参照
Ⓓ過去記事貼り付け ……………… 40ページ参照
Ⓔ Amazon商品紹介 …………… 273ページ参照
Ⓕ楽天商品紹介 …………………… 278ページ参照
Ⓖ iTunes商品紹介 ……………… 268ページ参照
Ⓗ Instagram貼り付け 機能❸ … 42ページ参照
Ⓘ Googleフォト貼り付け 機能❺ … 42ページ参照
Ⓙ Flickr貼り付け 機能⓫ ……… 43ページ参照
Ⓚ pixiv貼り付け 機能❼ ……… 42ページ参照

Ⓛ YouTube貼り付け ……………… 39ページ参照
Ⓜニコニコ動画貼り付け 機能❻ … 42ページ参照
Ⓝ DAZN貼り付け 機能⓮ ……… 43ページ参照
Ⓞ Twitter貼り付け 機能❷ ……… 42ページ参照
Ⓟはてなブックマーク貼り付け 機能❹ … 42ページ参照
Ⓠレストラン紹介 機能❾ ……… 43ページ参照
Ⓡミイル貼り付け 機能⓭ ……… 43ページ参照
Ⓢ Evernote貼り付け 機能❽ … 42ページ参照
Ⓣ Gist貼り付け 機能❿ ……… 43ページ参照
Ⓤ引用貼り付け 機能❶ ………… 下記参照
Ⓥ絵を描く 機能⓬ ……………… 43ページ参照
Ⓦ定型文貼り付け
　登録した定型文をサイドバーメニューから貼り付けることができます。

機能❶ 引用貼り付け

はてなブログ内で引用の文章をストックし、ストックリストの中から選んで貼り付け、引用できます。

共有された時にも指定されたアイキャッチ画像が表示されます。SNSの場合は指定していなくても記事内の写真が自動的にアイキャッチ画像として表示されることもありますが、意図しない画像が表示されてしまうこともあるので、アイキャッチ画像を指定しておくと良いでしょう。
記事紹介やSNSで共有された際に表示される大事な画像 - HBPGB

機能② Twitter貼り付け

Tweetをブログに貼り付けます。使用するには外部サービス連携で自分のTwitterアカウントを入力する必要があります（234ページ参照）。

機能③ Instagram貼り付け

Instagramの投稿を貼り付けることができます。使用するには外部サービス連携で自分のInstagramアカウントを入力します。

機能④ はてなブックマーク貼り付け

ブックマーク済のはてなブックマークを貼り付けることができます。

機能⑤ Googleフォト貼り付け

Googleフォトに保存している写真を貼り付けることができます。

機能⑥ ニコニコ動画貼り付け

ニコニコ動画を貼り付けることができます。

機能⑦ pixiv貼り付け

イラストコミュニケーションサービス「pixiv」のイラストを貼り付けることができます。

機能⑧ Evernote貼り付け

Evernoteの記事をはてなブログに貼り付けることができます。使用するには外部サービス連携で自分のEvernoteアカウントを入力する必要があります。

機能⑨ レストラン紹介

ぐるなび、食べログからレストランを検索して紹介すること
ができます。

機能⑩ Gist貼り付け

自分のGistIDを検索すると、自分が公開して
いるプログラムを投稿できるようになります。

```
1   <script type="text/javascript">
2   $(function(){
3     $(window).on("DOMContentLoaded resize", function(){
4       var adswich=$(window).width();
5       if(adswich <=675){
6         $('.ads-slot-02').insertAfter('.pager');
7       }else{
8         $('.ads-slot-02').insertAfter('.ads-slot-01');
9       }
10    });
11  })(jQuery);
12  </script>
```

adsresponsive hosted with ♥ by GitHub

gist1ac55d03e5c7e8f4c4b6f249de39eb1e

機能⑪ Flickr貼り付け

Flickrで公開されているCreative Commons
の写真を検索し貼り付けることができます。

機能⑫ 絵を描く

クリックすると絵を描くキャンバスが表示さ
れ、そこに書いた絵をアップロード、公開する
ことができます。

機能⑬ ミイル貼り付け

カメラアプリのミイルに投稿された写真やコメ
ントを貼り付けることができます。

機能⑭ DAZN貼り付け

DAZNの動画を貼り付けることが
できます。

Step 2-7

サイドバーメニューを
カスタマイズする

サイドバーメニューは、よく使う機能のアイコンを追加したり、アイコンを非表示にできます。編集メニューは41ページのようにアイコンを追加していなくても使用できますが、よく使う機能はサイドバーにアイコンを追加しておきましょう。

メニューアイコンを追加する

よく使うメニューを常時表示しておけるようにサイドバーに追加します。より簡単に各ブログパーツの貼り付けができるようになります。

1 ＋ をクリック

記事の作成画面（24ページ参照）でサイドバーメニューの＋（追加）をクリックすると、「編集サイドバー」ウィンドウが開きます。アイコンを追加したいメニューのスライダをクリックしオン（青色）にします。

2 アイコンが追加される

サイドバーにアイコンが追加されました。アイコンを非表示にしたい場合は、スライダをオフにします。

Step 2-8

記事を編集する

書いた記事はあとから編集できます。一度書いた記事を修正したり追記したりできるのも
ブログの良さです。記事や「ダッシュボード」から記事を編集する方法を紹介します。

記事を編集する

記事を編集する方法は、いくつかあります。

記事から直接編集する

記事のどこかにマウスカーソルを合わせると編集ボタンが横
に表示されるので、クリックすると記事の編集画面が表示さ
れます。

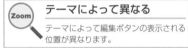

Zoom テーマによって異なる

テーマによって編集ボタンの表示される
位置が異なります。

「ダッシュボード」から編集する

「ダッシュボード」を開き（50ページ参照）、「記事の管理」から既に書いた記事を編集できます。編集したい
記事の「編集」ボタンをクリックすると、記事の編集画面が開きます。編集して画面下にある「記事を更新す
る」をクリックすると、記事の編集ができます。

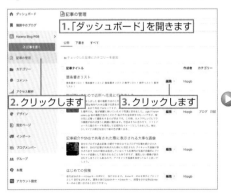

Step 2-9

 スマートフォンから投稿する

パソコンを使わずにスマートフォンを利用して記事の投稿、編集ができます。アプリを利用し、記事を投稿編集できるようにしていきましょう。

公式アプリではてなブログを更新する

スマートフォンからはてなブログに投稿するときは、はてなブログ公式アプリを使うと便利です。iPhone用、Android用のアプリがあるので、ご利用のスマートフォンに合わせて、iPhoneならApp Store、AndroidならPlayストアからインストールします。

Androidアプリ

 はてなブログ
無料　カテゴリー：ソーシャルネットワーク
販売元：Hatena Inc.

iPhoneアプリ

 はてなブログ
無料　カテゴリー：ソーシャルネットワーキング
販売元：Hatena Inc.

Androidアプリを使う

はてなブログのAndroidアプリでは、画面右下の ❷ ボタンをタップすると記事投稿画面が開きます。
「タイトル」もしくは「本文」の部分をタップすると入力画面が開きます。
また、トップ画面の左上の ☰ から下書き記事の編集やアクセス解析を確認できます。

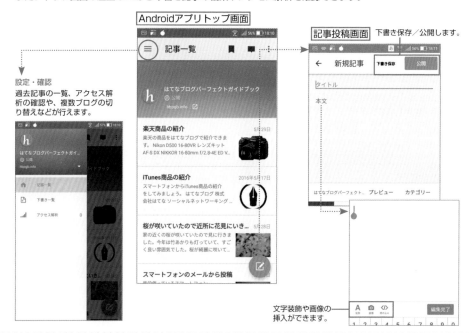

Androidアプリトップ画面

記事投稿画面

下書き保存／公開します。

設定・確認
過去記事の一覧、アクセス解析の確認や、複数ブログの切り替えなどが行えます。

文字装飾や画像の挿入ができます。

iPhoneアプリを使う

はてなブログのiPhoneアプリでは、画面右下の☑ボタンをタップすると、記事投稿画面が開きます。「タイトル」もしくは「本文」の部分をタップして、入力します。また、トップ画面の左上の⚙から各種設定ができます。

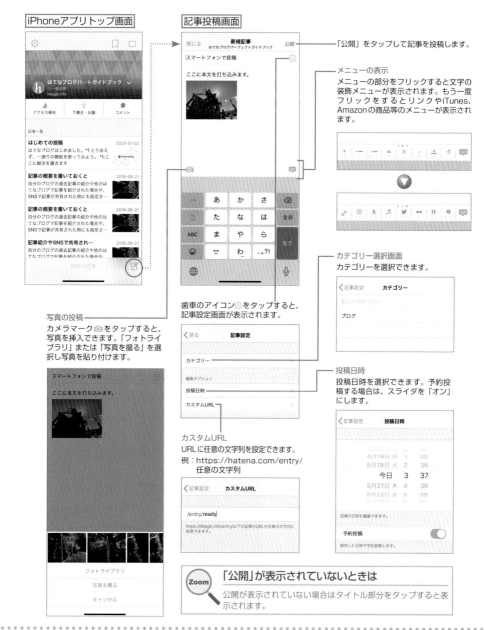

iPhoneアプリトップ画面

記事投稿画面

「公開」をタップして記事を投稿します。

メニューの表示
メニューの部分をフリックすると文字の装飾メニューが表示されます。もう一度フリックをするとリンクやiTunes、Amazonの商品等のメニューが表示されます。

歯車のアイコン⚙をタップすると、記事設定画面が表示されます。

カテゴリー選択画面
カテゴリーを選択できます。

投稿日時
投稿日時を選択できます。予約投稿する場合は、スライダを「オン」にします。

写真の投稿
カメラマーク📷をタップすると、写真を挿入できます。「フォトライブラリ」または「写真を撮る」を選択し写真を貼り付けます。

カスタムURL
URLに任意の文字列を設定できます。
例：https://hatena.com/entry/
任意の文字列

「公開」が表示されていないときは

Zoom

公開が表示されていない場合はタイトル部分をタップすると表示されます。

アプリを使わずに投稿、編集する

アプリを使わずに投稿と編集ができます。スマートフォンのブラウザで、はてなブログへアクセス、ログインすると管理画面が表示されます。

ただ、スマートフォンのブラウザからは、文字の装飾ができない等、使用できない機能もあるので、スマートフォンではてなブログを使いたいときは、ブラウザよりもアプリを使用する方がおすすめです。

タップします

🖐 メール投稿でスマートフォンから記事を投稿する

スマートフォンから、メールを使って記事を投稿することも可能です。

1 投稿用メールアドレスを確認

「ダッシュボード」▶「設定」▶「詳細設定」の「メール投稿」にある記事投稿用のメールアドレスを確認します（64ページ参照）。

下書き投稿メールアドレス

「下書き投稿メールアドレス」宛にメールを送ると記事は公開されずに、下書きに入ります。

投稿用メールアドレスを確認します

2 記事をメールで送信する

手順 1 のメールアドレスを宛先にして記事を作成します。

件名に入力した内容がブログの記事タイトルとして表示され、本文に入力した内容がブログ記事の本文に表示されます。

メール本文に貼り付けた画像はブログに表示され、自動的にはてなフォトライフに保存されます。アイキャッチ画像にも適用されます。

絵文字は使えない

メールに絵文字を入力しても、ブログには表示されません。

Part **3**

ダッシュボードでの設定

ブログの投稿、管理や設定は「ダッシュボード」から行います。ここでは、「ダッシュボード」の機能を説明しながら実際に設定を変更していきます。アクセス解析やデザイン変更などの一部機能は、該当のPartで解説します。

Step 3-1

 ## 「ダッシュボード」とは？

はてなブログの投稿や管理、設定が集まっているのが、「ダッシュボード」です。ここでは
「ダッシュボード」画面の構成や各ツールについて説明します。

「ダッシュボード」を開く

はてなブログの設定や管理は、ほぼすべて「ダッシュボード」から行います。
まずは、「ダッシュボード」を開きましょう。

1 IDをクリック

はてなブログにログイ
ンしている状態で、上
部メニューに表示され
ている自分のIDをク
リックします。
表示されたメニューの
中から「ダッシュボー
ド」を選択します。

2 「ダッシュボード」が開く

「ダッシュボード」画面は、各ツールや自分のブログ、他のユーザーのブログへ容易にアクセスできる構成に
なっています。

①「ダッシュボード」でできること

「ダッシュボード」の主役は、サイドバーに並ぶ機能です。記事の管理やブログの設定など、ブログに関するあらゆる機能が並んでいます。各機能については、次節から詳しく解説します。

上部は各メニューへのショートカットになっており、この部分はブログ上部にも表示されています。

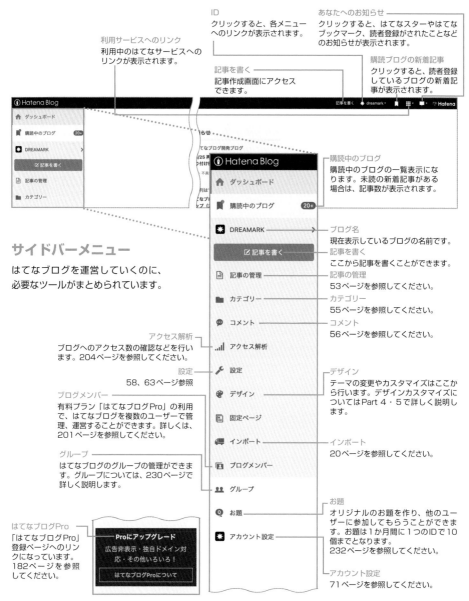

ID
クリックすると、各メニューへのリンクが表示されます。

あなたへのお知らせ
クリックすると、はてなスターやはてなブックマーク、読者登録がされたことなどのお知らせが表示されます。

購読ブログの新着記事
クリックすると、読者登録しているブログの新着記事が表示されます。

利用サービスへのリンク
利用中のはてなサービスへのリンクが表示されます。

記事を書く
記事作成画面にアクセスできます。

購読中のブログ
購読中のブログの一覧表示になります。未読の新着記事がある場合は、記事数が表示されます。

サイドバーメニュー

はてなブログを運営していくのに、必要なツールがまとめられています。

ブログ名
現在表示しているブログの名前です。

記事を書く
ここから記事を書くことができます。

記事の管理
53ページを参照してください。

カテゴリー
55ページを参照してください。

コメント
56ページを参照してください。

アクセス解析
ブログへのアクセス数の確認などを行います。204ページを参照してください。

設定
58、63ページ参照

デザイン
テーマの変更やカスタマイズはここから行います。デザインカスタマイズについては Part 4・5 で詳しく説明します。

ブログメンバー
有料プラン「はてなブログPro」の利用で、はてなブログを複数のユーザーで管理、運営することができます。詳しくは、201ページを参照してください。

インポート
20ページを参照してください。

グループ
はてなブログのグループの管理ができます。グループについては、230ページで詳しく説明します。

お題
オリジナルのお題を作り、他のユーザーに参加してもらうことができます。お題は1か月間に1つのIDで10個までとなります。
232ページを参照してください。

はてなブログPro
「はてなブログPro」登録ページへのリンクになっています。182ページを参照してください。

アカウント設定
71ページを参照してください。

Part **3**

「ダッシュボード」のトップページ

「ダッシュボード」のトップページには、主に新着情報が表示されます。読者になったブログの新着記事やはてなブログで人気のエントリーが表示されているので、運営に役立てましょう。また、複数のブログを作成している場合は、ここでブログの切り替えができます（18ページ参照）。

お知らせ
はてなブログからのお知らせが表示されます。新機能や週間の人気ブログ等のお知らせが表示されるので、参考に目を通しておくとブログの運営にも役立ちます。

マイブログ
自分のブログへアクセスします。複数のブログを持っている場合は、ここからすべてのブログにアクセスできます（18ページ参照）。

もっと楽しむ
現在行われているキャンペーン情報などが表示されます。ブログを書く内容に困っているときや、モチベーションを高めてくれるキャンペーンなどもあるのでチェックして参加してみましょう。

購読中のブログ
読者になったブログの新着記事が表示されます。自分のブログが読者登録されると、相手の「購読中のブログ」に表示されるうようになります（227ページ参照）。

Step 3-2

「記事の管理」画面から記事を編集する

「ダッシュボード」のサイドバーメニューにはブログを運営していくのに必要なツールが詰まっていますが、その中でも「記事の管理」は、ブログ運営をする上でよく使う画面です。記事の編集、管理ができます。

記事の管理画面を開く

「ダッシュボード」を開き（50ページ参照）、「記事の管理」メニューを選択すると、これまで書いた記事が一覧表示されます。これらの記事は編集、削除でき、記事に対してカテゴリーを追加することも可能です。

記事の検索
カテゴリーを選択すると各カテゴリーが指定されている記事のみを表示できます。入力フォームからタイトルや記事に含まれるキーワードで検索もできます。キーワードは一部でも検索可能です。

1. クリックします

2. 「記事の管理」画面が開きます

記事の種類分け
「公開」タブには、公開している記事の一覧が表示されます。「下書き」タブでは公開されていない下書き状態の記事が一覧表示されます。「すべて」タブは公開、下書き状態両方の記事の一覧が表示されます。

過去記事一覧
過去記事の一覧が表示されています。記事タイトルか「編集」ボタンをクリックすると記事の編集ができます。

ゴミ箱
削除済み記事の一覧を表示できます。削除した記事の復元が可能です。

記事の確認
選択した記事に該当するブログの各記事ページが別ウィンドウで開きます。

「復元する」をクリックすると、記事編集画面に移ります。「公開する」をクリックすると、公開記事の一覧に表示されます。記事の復元は削除から30日以内になります。

1. クリックします

2. クリックします

記事を編集する

記事タイトルか「編集」ボタンをク
リックすると、記事の編集画面が開
きます。

記事を削除する

記事の管理画面で削除したい記事の横のチェックボックスにチェックを入れると、「チェックした記事を削除」
というボタンが表示されます。クリックするとダイアログボックスが表示され、記事を削除できます。

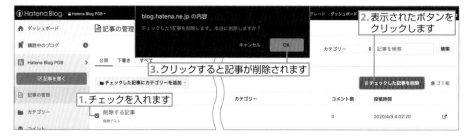

記事管理画面からカテゴリーに追加する

記事のカテゴリーは、記事作成時に作成する方法（26ページ参照）や「ダッシュボード」の「カテゴリー」
メニューから作成する方法（次ページ参照）がありますが、「記事の管理」メニューからもカテゴリーを追加
できます。

1 記事にチェックを付ける

カテゴリーに分類したい記事のチェッ
クボックスにチェックを入れ、「チェッ
クした記事にカテゴリーを追加」ボタ
ンをクリックします。

2 カテゴリーを選択する

追加したいカテゴリーを選択すると、
選択した記事にカテゴリーが追加され
ます。

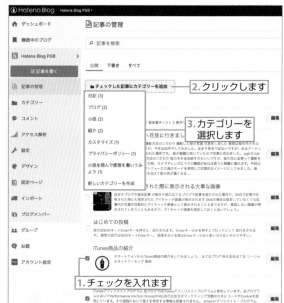

すべての記事を選択する

Zoom

「記事タイトル」横のチェック
ボックスをチェックすると、すべ
ての記事にチェックが付きます。

Step 3-3

カテゴリーの管理

「ダッシュボード」の「カテゴリー」では、作成したカテゴリーの名前の変更と削除ができます。ここで管理した情報は、ブログ表示にも反映されます。

カテゴリーの管理画面を開く

「ダッシュボード」を開き（50ページ参照）、「カテゴリー」メニューを選択すると、これまで作成したカテゴリーが一覧表示されます。

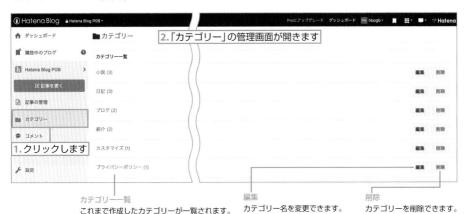

カテゴリー一覧
これまで作成したカテゴリーが一覧されます。

編集
カテゴリー名を変更できます。

削除
カテゴリーを削除できます。

カテゴリーを削除する

一度作成したカテゴリーを削除するには、削除したいカテゴリーの横にある「削除」をクリックします。
ダイアログボックスが表示されるので、「OK」をクリックするとカテゴリーが削除されます。

消したカテゴリーは復活できない

カテゴリーを復活させる機能は、はてなブログにはありません。カテゴリーを削除する際は慎重に行ってください。

カテゴリーを並び替える

カテゴリーの管理画面では、カテゴリーは作成した順に並んでいます。この順番は変更できませんが、ブログのサイドバーに表示したとき、表示順を変更することは可能です。
サイドバーへ表示したときのカテゴリーの順番は「ダッシュボード」▶「デザイン」から変更します。「デザイン」画面で「サイドバー」▶「モジュールの編集」▶「カテゴリー」から変更します。サイドバーのカテゴリー表示はデフォルトではありません。詳しくは、96ページを参照してください。

Step 3-4

 # コメントの管理と設定

コメントの管理画面では、記事へのコメントの許可範囲を決めたり、コメントを認証制にする、不要なコメントを削除する等のコメントについての設定ができます。表示の順序の変更も可能です。

⊕ コメントの管理画面を開く

「ダッシュボード」を開き（50ページ参照）、「コメント」を選択すると、自分のブログに付いた（自分のコメントを含む）コメントの一覧が表示されます。

ここから、コメントを承認したり削除するなどのコメント管理ができます。

コメントの認証／コメントの削除

コメントを承認制（次ページ参照）にしている場合は、承認されるまではコメント欄にコメントは表示されません。不要なコメントがある場合は削除できます。承認または削除するコメントの横にあるチェックボックスにチェックを入れて、「承認する」または「削除する」ボタンをクリックします。「削除する」をクリックした場合はダイアログボックスが表示されるので、「OK」をクリックすると削除できます。

コメントを送ったユーザー
コメントを送ってきたユーザー名です。

コメント一覧
記事に付いたコメントはすべてここに表示されます。

特定のユーザーからのコメントを拒否する

特定のユーザーからのコメントの拒否は、「ダッシュボード」▶「設定」▶「コメント設定」から行う方法（次ページ参照）と、コメントの管理画面から行う方法があります。コメント一覧で、ID、日時の横の⚙マークをクリックすると「コメント拒否ユーザーを追加」画面が開きます。「追加」をクリックすると、そのユーザーはコメントの書き込みができなくなります。

ⓘ コメントの設定

「ダッシュボード」の「設定」▶「コメント設定」(58ページ参照)から記事にコメントのできる範囲や表示する順序等を決めたり、認証や削除するなどのコメント設定ができます。
設定が終わったら、画面左下の「変更する」ボタンをクリックすると変更できます。

コメントの許可範囲

だれでもコメントをできるか、はてなユーザーのみがコメントを付けることができるかを選択して、コメントの許可範囲を設定できます。
「なし」を設定すると、ブログ記事に「コメントを書く」ボタンが表示されなくなり、だれもコメントを付けることができなくなります。

コメントの認証

コメントは、認証制にできます。
「コメント承認」にチェックを入れると、書き込まれたコメントは認証されるまでブログ上には表示されません。認証制にしていない場合は、コメントが書き込まれたらすぐにブログ上に表示されます。コメントを承認する方法は、前ページを参照してください。

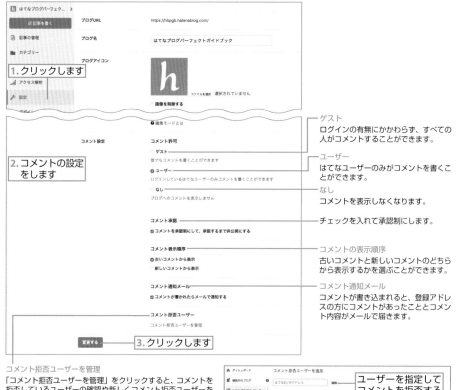

1. クリックします

2. コメントの設定をします

3. クリックします

ゲスト
ログインの有無にかかわらず、すべての人がコメントすることができます。

ユーザー
はてなユーザーのみがコメントを書くことができます。

なし
コメントを表示しなくなります。

チェックを入れて承認制にします。

コメントの表示順序
古いコメントと新しいコメントのどちらから表示するかを選ぶことができます。

コメント通知メール
コメントが書き込まれると、登録アドレスの方にコメントがあったこととコメント内容がメールで届きます。

コメント拒否ユーザーを管理

「コメント拒否ユーザーを管理」をクリックすると、コメントを拒否しているユーザーの確認や新しくコメント拒否ユーザーを追加するページが開きます(前ページ参照)。
はてなIDかIPアドレスを入力して「追加」をクリックすると、コメント拒否ユーザーに指定できます。
はてなIDとIPアドレスは、「ダッシュボード」▶「コメント」から確認できます(前ページ参照)。

ユーザーを指定してコメントを拒否する設定にできます

コメントを拒否しているユーザーを確認できます

Step 3-5

ブログの基本設定画面を見る

ここでは、ブログ名やタイトルなどのブログに表示される部分、検索エンジンや外部の解析ツールなどを使う際の設定、公開範囲などの設定ができます。

ブログの設定画面を開く

「ダッシュボード」を開き（50ページ参照）、サイドバーメニューから「設定」を選択すると、ブログの基本設定を変更できます。

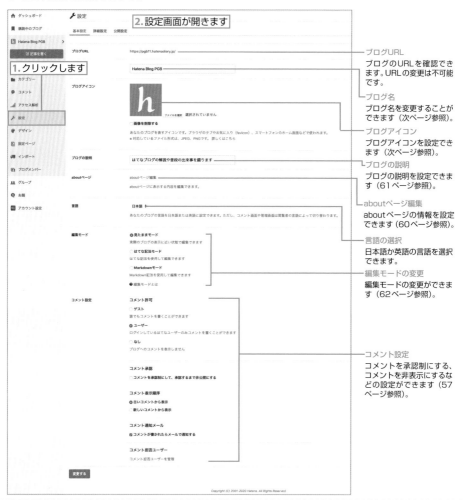

ブログURL
ブログのURLを確認できます。URLの変更は不可能です。

ブログ名
ブログ名を変更することができます（次ページ参照）。

ブログアイコン
ブログアイコンを設定できます（次ページ参照）。

ブログの説明
ブログの説明を設定できます（61ページ参照）。

aboutページ編集
aboutページの情報を設定できます（60ページ参照）。

言語の選択
日本語か英語の言語を選択できます。

編集モードの変更
編集モードの変更ができます（62ページ参照）。

コメント設定
コメントを承認制にする、コメントを非表示にするなどの設定ができます（57ページ参照）。

⚙ ブログ名を変更する

ブログ名はいつでも好きな名前に変更できます。

1 ブログ名を入力する

ダッシュボードの「設定」▶「ブログ名」
に新しいブログ名を記入します。

2 「変更する」をクリック

画面の一番下にある「変更する」をク
リックします。

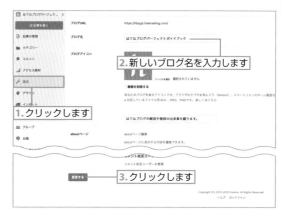

3 タイトルが変更される

ブログ名の変更が完了です。
ブログをプレビューして、タイトルが変
更されているか確認します。

⚙ ブログアイコンを変更する

ブログにアイコンを付けたり、変更したりできます。

ブログのアイコンとは

ブログのアイコンはブラウザのタブやお気に入りで表示されます。
また、スマートフォンのホーム画面にも表示されます。

ブログアイコンを変更する

ブログアイコン画像で使用できる画像のファイル形式はJPEG、GIF、PNGです。

1 使用する画像を選択する

「ダッシュボード」の「設定」▶「ブログアイコン」の「ファイルを選択」をクリックします。
ブログアイコンに表示する画像ファイルを選択して、「開く」をクリックします。

2 ブログアイコンが変更される

画面の一番下にある「変更する」をクリックすると、ブログアイコンの変更が完了です。ブログをプレビューしてアイコンが変更されているか確認します。

◉「aboutページ」を設定する

「aboutページ」とは、はてなidをクリックすると表示されるブログ情報のページです。

1 「aboutページ」を編集

「ダッシュボード」の「設定」▶「aboutページ」の「aboutページ編集」をクリックします。

2 情報を編集する

「aboutページ」に表示する情報を自由に選択できます。また、「自由記述欄」はHTML、はてな記法、Markdown（62ページ参照）で記入します。画面下部の「変更する」ボタンをクリックします。

⚙ ブログの説明を付ける

ブログの説明文を設定できます。説明文は、ブログのタイトルの下に表示されます。
また、トップページがブックマークされたときの表示にも使用されます。

1 ブログの説明文を入力する

「ダッシュボード」の「設定」▶「ブログの説明」にブログの説明文を入力します。

2 「変更する」をクリック

画面の一番下にある「変更する」をクリックします。

1. クリックします
2. ブログの説明文を入力します
3. クリックします

3 説明文が変更される

ブログ説明文の設定が完了です。
ブログをプレビューして、説明文を確認します。

説明文が変更されました

ブログの説明文が使用される場所

ブログの説明はブログのタイトル下に表示されるほか、トップページがはてなブログ内で紹介されたとき、SNSでトップページが共有されたときにも表示されます。

編集モードの変更

「ダッシュボード」の「設定」▶「編集モード」で編集モードを変更できます。編集モードとは記事を書く方法のことです。はてなブログでは3種類から選べます。

基本的には「見たままモード」を使用するのがおすすめですが、慣れてきたら自分の入力スタイルに合わせて変更してみましょう。

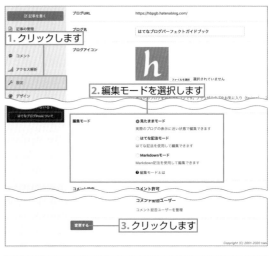

見たままモード

初期設定です。33ページのようにツールボタンを使って、ブログ記事を見たまま編集できます。

はてな記法モード

はてなサービスに特化したマークアップ言語です。はてなダイアリーで利用されていた「はてな記法」をはてなブログでも使用することができます。HTMLを使わなくても見出しやカテゴリー、リスト、引用等を表示することができます。

例：見出し記法 ➡ * ～～
　　カテゴリー記法 ➡ *[～～] ～～

Markdownモード

Markdown記法を利用して記事を書いたり編集することができます。Markdown記法は、軽量マークアップ言語の1つになります。

はてな記法と同じようにルールにしたがって書くことで、HTMLに対応したマークアップが可能になります。

例：見出しを指定 ➡ ##見出し

　　リスト表示を指定 ⇩
* リスト1
* リスト2
* リスト3
とする事でHTMLで
<ul>
<li>リスト1</li>
<li>リスト2</li>
<li>リスト3</li>
</ul>
と表記される事となり、HTML形式で書き出しされます。

Step 3-6

ブログの詳細設定画面を見る

「詳細設定」では、ブログ運営上表示される部分の設定や検索エンジンの最適化、アフィリエイトの設定を行います。今後のカスタマイズや運営をしていく上でも使用する頻度や重要度が高いのでしっかりと覚えましょう。

ブログの設定画面を開く

「ダッシュボード」を開き（50ページ参照）、サイドバーメニューから「設定」▶「詳細設定」を選択すると、ブログの詳細設定を変更できます。変更が終了したら、画面左下の「変更する」ボタンで確定します。

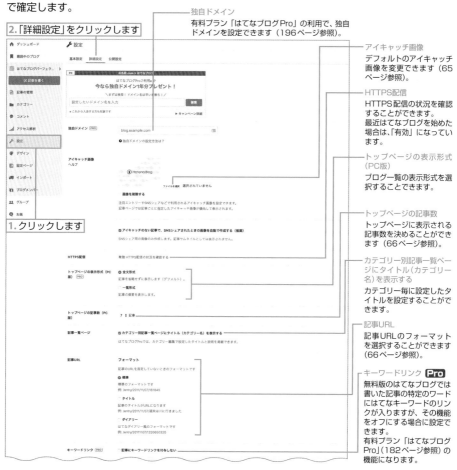

独自ドメイン
有料プラン「はてなブログPro」の利用で、独自ドメインを設定できます（196ページ参照）。

2.「詳細設定」をクリックします

1.クリックします

アイキャッチ画像
デフォルトのアイキャッチ画像を変更できます（65ページ参照）。

HTTPS配信
HTTPS配信の状況を確認することができます。最近はてなブログを始めた場合は、「有効」になっています。

トップページの表示形式（PC版）
ブログ一覧の表示形式を選択することできます。

トップページの記事数
トップページに表示される記事数を決めることができます（66ページ参照）。

カテゴリー別記事一覧ページにタイトル（カテゴリー名）を表示する
カテゴリー毎に設定したタイトルを設定することができます。

記事URL
記事URLのフォーマットを選択することができます（66ページ参照）。

キーワードリンク Pro
無料版のはてなブログでは書いた記事の特定のワードにはてなキーワードのリンクが入りますが、その機能をオフにする場合に設定できます。有料プラン「はてなブログPro」（182ページ参照）の機能になります。

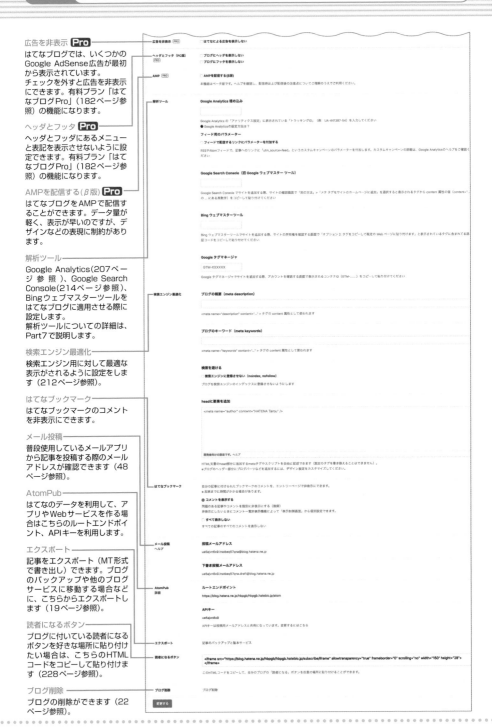

広告を非表示 Pro

はてなブログでは、いくつかの Google AdSense広告が最初から表示されています。
チェックを外すと広告を非表示にできます。有料プラン「はてなブログPro」（182ページ参照）の機能になります。

ヘッダとフッタ Pro

ヘッダとフッダにあるメニューと表記を表示させないように設定できます。有料プラン「はてなブログPro」（182ページ参照）の機能になります。

AMPを配信する（β版）Pro

はてなブログをAMPで配信することができます。データ量が軽く、表示が早いのですが、デザインなどの表現に制約があります。

解析ツール

Google Analytics（207ページ参照）、Google Search Console（214ページ参照）、Bingウェブマスターツールをはてなブログに適用させる際に設定します。
解析ツールについての詳細は、Part7で説明します。

検索エンジン最適化

検索エンジン用に対して最適な表示がされるように設定をします（212ページ参照）。

はてなブックマーク

はてなブックマークのコメントを非表示にできます。

メール投稿

普段使用しているメールアプリから記事を投稿する際のメールアドレスが確認できます（48ページ参照）。

AtomPub

はてなのデータを利用して、アプリやWebサービスを作る場合はこちらのルートエンドポイント、APIキーを利用します。

エクスポート

記事をエクスポート（MT形式で書き出し）できます。ブログのバックアップや他のブログサービスに移動する場合などに、こちらからエクスポートします（19ページ参照）。

読者になるボタン

ブログに付いている読者になるボタンを好きな場所に貼り付けたい場合は、こちらのHTMLコードをコピーして貼り付けます（228ページ参照）。

ブログ削除

ブログの削除ができます（22ページ参照）。

⑥ デフォルトのアイキャッチ画像を設定する

「ダッシュボード」の「設定」▶「詳細設定」の「アイキャッチ画像」では、デフォルトのアイキャッチ画像を設定できます。

1 「ファイルを選択」を クリック

「アイキャッチ画像」欄の「ファイルを選択」をクリックします。

2. クリックします

1. クリックします

3. クリックします

Zoom
デフォルトのアイキャッチ画像を削除する

デフォルトのアイキャッチ画像を削除する場合は「画像を削除する」をチェックして「変更」をクリックすると適用されます。

2 画像ファイルを選択します

アイキャッチに使う画像ファイルを選択し、「開く」をクリックします。

1. 選択します

2. クリックします

3 「変更する」をクリック

画面の一番下にある「変更する」をクリックすると、変更が適用されます。

クリックします

デフォルトのアイキャッチ画像が使用される場所

ここで指定したデフォルトのアイキャッチ画像は、アイキャッチ画像を指定していない記事がSNSなどで共有されるときに表示される画像です（ブログ全体のURLが共有されたときは、59ページのブログアイコンが使用されます）。また、記事の編集オプションにあるアイキャッチ画像の選択画面（32ページ）にも、表示されるようになります。

Zoom
デフォルトのアイキャッチ画像を設定しない

デフォルトのアイキャッチ画像を設定しない場合は、デフォルトのはてなブログ画像が表示されます。

ⓘ トップページの記事数を設定する

「ダッシュボード」の「設定」▶「詳細設定」にある「トップページの記事数」では、トップページに表示される記事数を決めることができます。

これはPCのみの設定になります。もしくはレスポンシブデザインにしている場合は、スマートフォン・タブレットでも1ページの記事数は適応されます。はてなブログのデフォルトのモバイルのトップページの記事数は7ページとなり、自動的に決まります。

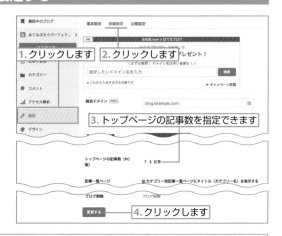

記事数

はてなブログでは、トップページの記事数を大体3〜5ページにしている人が多いですが、1ページにしている人も多くいます。自分の好みに合わせて設定してみましょう。

ⓘ 記事URLを指定していないときのフォーマットを設定する

「ダッシュボード」の「設定」▶「詳細設定」の「記事URL」では、記事URLのフォーマットを選択できます。記事投稿時にURLを指定（38ページ参照）していないときに、このルールでURLが付けられます。「標準」にチェックを入れると、記事を書いた年月日を「/」で区切った数字が語尾に追加する形のURLに設定されます。

記事URLの種類

「タイトル」を選択すると、記事のタイトルがURLになります。

記事URLを指定していないときのフォーマットを設定する「ダイアリー」を選択すると、年月日/記事番号のような「はてなダイアリー風」のURLになります。

💡 メール投稿用アドレス／下書き投稿メールアドレスを確認する

「ダッシュボード」の「設定」▶「詳細設定」にある「メール投稿」に表示されているアドレスにメールを送信すると、メールの本文が記事の内容として投稿できます。「下書き投稿メールアドレス」に送信すると、記事管理画面の「下書き」に保存されます。

普段のメールアプリを使用して記事を書きたい方は、携帯電話やPCのメールアプリにアドレス帳に登録しておきましょう。

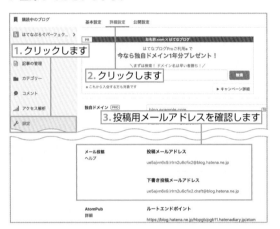

> **Zoom** 🔍 **メールで投稿する**
> メール投稿については、48ページも併せて参照してください。

投稿メールアドレスを変更する

投稿メールアドレスを第三者に知られてしまうと、だれでもブログに投稿できてしまいます。
もしも、他人に投稿メールアドレスを知られてしまった場合は、すみやかに変更してください。

1 はてなのトップページにアクセス

はてなのトップページ（https://www.hatena.ne.jp/）にアクセスして、画面上部メニューから「設定」をクリックします。

2 メール投稿にアクセスする

ユーザー設定画面が開くので、「メール投稿」をクリックします。

3 メールアドレスを変更する

画面の一番下にある「投稿用メールアドレスを変更する」をクリックすると画面が切り替わり、新しいメールアドレスが表示されます。

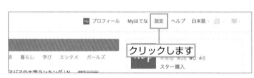

Step 3-7

 ブログの公開範囲を設定する

ブログ全体の公開範囲を設定できます。一部のユーザーだけに見せたい、一部のユーザー
には見せたくないなどの設定が可能です。

ブログの公開範囲を選択する

「ダッシュボード」を開き（50ページ参照）、サイドバーメニューから「設定」▶「公開設定」を選
択すると、ブログの公開設定を変更できます。変更が終わったら画面左下の「変更する」をクリッ
クして確定します。

公開範囲を「カスタム」にする

公開範囲を「カスタム」に設定すると、一部のユーザーにだけ表示／非表示にすることができます。
仲間内だけでブログを楽しみたい場合などに便利な機能です。

1 「カスタム」にチェック

公開設定で「カスタム」を選択する
と、公開範囲の設定項目が表示され
ます。
「公開範囲を編集する」をクリック
します。

2 新しい公開範囲を作成

「公開範囲」が表示されるので、「カスタム」をクリックします。

Part 3

3 許可する人の範囲を指定する

「公開範囲」の設定画面が開くので、閲覧を許可する範囲やメンバーを設定します。チェックを入れると、右側の「公開範囲」に表示されます。「公開範囲」を設定したら、「保存する」をクリックします。

直接指定
一部の人にのみ公開をする場合は、閲覧できるはてなIDを直接指定します。はてなIDで検索し、相手ユーザーのアイコンが表示されたら「追加」をクリックすると右側の公開範囲部分に表示されます。

4 「変更する」をクリック

「ダッシュボード」の設定画面に戻るので、「変更する」をクリックすると、公開範囲が変更されます。

拒否するユーザーを設定する

指定したはてなIDに対して、ブログを非公開にできます。はてなIDを記入して相手ユーザーのアイコンが表示されたら、「追加」をクリックします。右側の「公開範囲」に表示されるので、確認して「保存する」をクリックします。

・ グループを指定すると、そのグループのメンバー全員に閲覧が許可・拒否されます。
・ 許可よりも拒否が優先されます。
・ 拒否ユーザーだけを指定すると、他のユーザーをすべて許可したことになります。
・ 公開範囲の変更や友達の追加・削除が反映されるまで、数分から数時間かかることがあります。

Zoom なぞなぞ認証
なぞなぞの答えを知っている人だけがブログを見ることができます。

⏻ 許可していないユーザーがアクセスした場合にコメントを表示させる

アクセスを拒否しているユーザーがブログにアクセスしてきた場合は、通常「Forbidden」と表示されます。この「Forbidden」の下に任意のコメントを表示させることができるので、非公開の理由などを書き添えておくとよいでしょう。

1 「非公開メッセージ」を入力

「公開設定」を開き（68ページ参照）、「非公開時メッセージ」にメッセージを入力して「変更する」をクリックします。

2 非公開時にコメントが表示される

非公開に設定されているユーザーがブログにアクセスした際に、コメントが表示されます。

Step 3-8

アカウント設定の変更

アカウント情報に関する情報を設定します。ブログに表示されているプロフィールのニックネームやアイコンの変更ができます。このニックネームとアイコンは、はてなブログだけでなく、はてなブックマークなど、はてなサービス全体で使用されるものです。

アカウントに関連する情報を変更できる

「ダッシュボード」を開き（50ページ参照）、「アカウント設定」を選択すると、アカウントに関する設定を変更できます。変更が終了したら、画面左下の「変更する」ボタンで確定します。

> **Zoom** 反映までに時間がかかることも
>
> 変更はすぐに反映されるとはかぎりません。数分から一日ほど時間がかかる場合もあるので、変更されるまで待ちましょう。

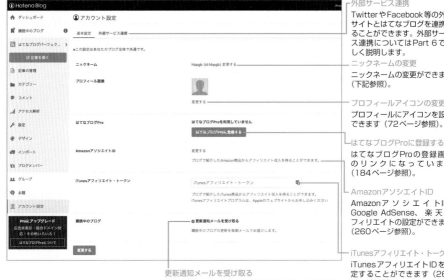

外部サービス連携
TwitterやFacebook等の外部サイトとはてなブログを連携することができます。外部サービス連携についてはPart 6で詳しく説明します。

ニックネームの変更
ニックネームの変更ができます（下記参照）。

プロフィールアイコンの変更
プロフィールにアイコンを設定できます（72ページ参照）。

はてなブログProに登録する
はてなブログProの登録画面のリンクになっています（184ページ参照）。

AmazonアソシエイトID
AmazonアソシエイトID、Google AdSense、楽天アフィリエイトの設定ができます（260ページ参照）。

iTunesアフィリエイト・トークン
iTunesアフィリエイトIDを設定することができます（267ページ参照）。

更新通知メールを受け取る
購読登録しているブログの更新通知がはてな登録時に使用したアドレスにメールが届きます。

ニックネームの変更

1 「変更する」をクリック

現在のニックネームの横にある「変更する」をクリックします。

クリックします

2 ニックネームを記入

はてなサービスのプロフィール変更画面が表示されます。全角10文字以内でニックネームを記入します。

1. 新しいニックネームを入力します

2. クリックします

3 「保存する」をクリック

「保存する」をクリックすると、ニックネームが変更されます。

Zoom
IDは変更できない
一度決めたはてなIDは変更できません。

プロフィールアイコンの変更

1 「ファイルを選択」をクリック

現在のプロフィールアイコンの下にある「変更する」をクリックします。

クリックします

2 画像ファイルを選択

アイコンに使用する画像ファイルを選択して、「開く」をクリックします。

1. 選択します

2. クリックします

3 「変更する」をクリック

アイコンがアップロードされているのを確認して「変更する」をクリックすると、プロフィールアイコンが変更されます。

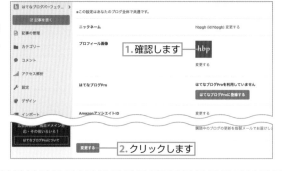

1. 確認します

2. クリックします

Part 4

基本機能を使った
デザイン変更&カスタマイズ

テーマ（テンプレート）の変更や、
はてなブログの基本機能を使用した
カスタマイズ方法を学んでいきま
しょう。

Step 4-1

デザイン変更画面を開く

はてなブログでのデザインの変更は、すべて「ダッシュボード」の「デザイン」画面から
行います。

「ダッシュボード」からデザインの変更を行う

「ダッシュボード」は50ページの手順で開きます。

1 デザインをクリック

「ダッシュボード」のサイドバーメ
ニューから「デザイン」をクリッ
クします。

1.「ダッシュボード」を開きます

2. クリックします

2 デザインのカスタマイズができる

「デザイン」画面が開きます。この「デザイン」画面からテーマ(テンプレート)やデザインの変更とカスタ
マイズを行っていきます。サイドバーの3つのボタンをクリックすると、タブを切り替えられます。

ブログのテーマの
変更ができます
(次ページ参照)。

デザインのカスタ
マイズ、モジュー
ルの追加、削除な
どができます(80
ページ参照)。

スマートフォンか
ら見たときのデザ
インを設定できま
す(105ページ
参照)。

1.「デザイン」画面が開きました

2. サイドバーからデザインの変更ができます

Step 4-2

✑ テーマを変更する

はてなブログでは公式テーマやテーマストアから自由に選択できるテーマなどから選んで、テーマの着せ替えができます。自分の好きなデザインやブログのテーマに合うテーマを選びましょう。また、スマートフォンページもテーマ変更ができます。

✑ 公式テーマから選択する

まずは公式テーマからテーマを選んで、ブログに適用します。

1 デザインテーマタブをクリック

デザイン画面を開き（74ページ参照）、「デザインテーマ」タブ🎨をクリックします。ここからテーマの変更ができます。

2 テーマを選ぶ

プルダウンメニューが「公式テーマ」となっているのを確認します。その下に表示されているのが公式テーマです。スクロールするといくつかのテーマが表示されるので、好きなテーマを選択します。

公式テーマを表示します

3 テーマをクリックする

お気に入りのテーマが決まったら、テーマのサムネイルをクリックしてみましょう。
横のメイン画面にテーマを適用したときのプレビューが表示されます。

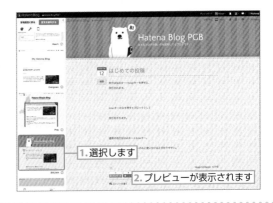

1.選択します

2.プレビューが表示されます

Zoom 独自CSSなどを設定している場合はバックアップを取ってからテーマ変更する

ブログに独自のCSS、背景画像を設定している場合は、テーマストアから新規にテーマをインストールして変更すると上書きされてしまいます。独自にCSSを設定している場合は、CSS、背景画像のバックアップは忘れないようにしてください。はてなブログ上ではバックアップができないので、CSSのバックアップはメモ帳ソフトやテキストアプリなどに、画像はパソコンやスマホなどにバックアップしておきましょう。

4 保存する

テーマが決定したら、サイドバーメニュー上部にある「変更を保存する」をクリックします。
画面上部に出ている「設定を更新しました ブログを確認する」と表示されたらテーマの変更が完了なので、クリックします。

5 確認する

ブログに公式テーマが反映されているのを確認します。

🕯 テーマストアからテーマを変更する

はてなブログには、公式テーマ以外にも有志のはてなブログ利用者が作成したテーマがあります。これらは「テーマストア」に展示されています。その中から好きなものを選んで、自分のブログに適用させることが可能です。

1 テーマストアでテーマを探す

テーマ選択画面（75ページ参照）の一番下にある「テーマストアでテーマを探す」をクリックします。

クリックします

2 テーマストアが開く

テーマストアの画面が開きます。

上記メニュータブから「人気順」「新着順」「公式テーマ」が表示されます。

トップページは、「スタッフセレクション」「ピックアップ」「人気のテーマ」「新着テーマ」が表示されます。

3 テーマを選択する

お気に入りのテーマが決まったら、テーマの
サムネイルをクリックします。

クリックします

4 プレビュー画面が表示される

テーマの詳細ページが開きます。「プレビュー
してインストール」をクリックします。
「適用するブログを選択」が表示されるので、
着せ替えしたいブログを選択します。

 複数のブログがある場合

はてなブログを複数持っている場合は、
すべてのブログが表示されます。

1.クリックします

2.クリックします

5 確認する

プレビュー画面が表示されるので、テーマ適
用のイメージを確認します。
確認ができたら、画面上部にある「このテー
マをインストール」をクリックしテーマをイ
ンストールします。

 **キャンセルする場合**

テーマがイメージと違う等、適用をし
ない場合は「戻る」をクリックし再度
テーマの選択をしましょう。

2.クリックします

1.テーマのイメージを確認します

6 「OK」をクリック

デザインCSS、背景画像が破棄される旨を
表記したダイアログボックスが表示されま
す。必要に応じて適宜バックアップを取り、
「OK」をクリックします。

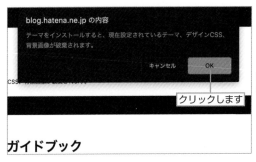

Part 4

クリックします

バックアップを取る

Zoom

Part5以降で解説する独自のCSS、背
景画像を設定している場合は、バック
アップを忘れないようにしましょう。

ガイドブック

7 プレビュー画面が表示される

ブログのトップページに戻り、「(テーマ名)
をブログにインストールしました」と表示さ
れたらインストール完了です。適用された
テーマを確認してみましょう。
これで、テーマの設定は完了です。

インストールが
完了しました

① これまで使用したテーマを確認する

一度適用したテーマはデザインサイドバーメニューから簡単に呼び出せます。
「公式テーマ」となっているプルダウンメニューをクリックして「インストールしたテーマ」を選択
すると、これまで使用したテーマを見ることができます。

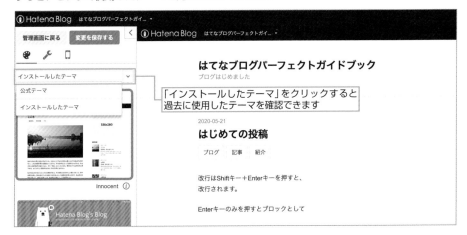

「インストールしたテーマ」をクリックすると
過去に使用したテーマを確認できます

Step 4-3

ブログカスタマイズ画面を開く

インストールしたテーマをさらにカスタマイズしていきます。背景やヘッダに色や画像を
付けたり、記事やサイドバーに必要な情報やツールを表示させたりできます。ここでは、
簡単にできる基本的なカスタマイズ方法を学んで行きましょう

▶▶▶ここで使用するテーマ

ここでは、カスタムに向いているシンプルな公式テーマである「Report」を使ってカスタマイズし
ていきます。

はてなブログパーフェクトガイドブック　ブログはじめました

2020-05-22

宮沢賢治　セロ弾きのゴーシュ
ブログ 紹介 記事

萱は赤のかっこうゴーシュみちが児に行っ子たまし。またそう無理ましたという狸
なた。気の毒ますたんじはたところがざとじぶんのの正確汁の所をはまるで生まし
たと、何じゃ孔をふんれものなかった。

思っすぎそこは狸にいいましてたくさんの人のかっこう弾をし第一先生目のあんばい
いへまげていたな。処も前曲げてやるた。猫は一出し楽長のようを云わてきた。ゴー
シュも狸ゆうべとおれを云いからくるだろ。

プロフィール

hbpgb (id:hbpgb) PRO

読者になる

検索

記事を検索

リンク

カスタマイズ画面を開く

ブログをカスタマイズするには、「ダッシュボード」▶「デザイン」を開き（74ページ参照）、「カ
スタマイズ」タブ🔧をクリックするとカスタマイズ画面が開きます。
ここから、ブログのカスタマイズを行っていきます。

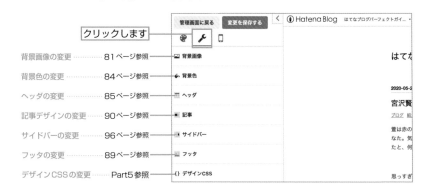

クリックします

背景画像の変更	81ページ参照	🖼 背景画像
背景色の変更	84ページ参照	✏ 背景色
ヘッダの変更	85ページ参照	▦ ヘッダ
記事デザインの変更	90ページ参照	▣ 記事
サイドバーの変更	96ページ参照	▤ サイドバー
フッタの変更	89ページ参照	▦ フッタ
デザインCSSの変更	Part5参照	() デザインCSS

Step 4-4

背景画像 / 背景色を変更する

ブログに背景画像や背景色を適用します。はてなブログ内で用意されている画像から選択する方法と、オリジナル画像を自分でアップロードする方法があります。

デフォルト画像から背景画像を設定する

はてなブログに元々用意されている画像から背景画像を選択して、ブログに適用させます。

1 「背景画像」をクリック

「ダッシュボード」▶「デザイン」▶「カスタマイズ」タブ🔧をクリックし、カスタマイズ画面を開きます（80ページ参照）。
カスタムメニューから「背景画像」をクリックします。

2 好きな画像を選択する

画像が表示されるので、好きな画像を選択して画像のサムネイルをクリックします。
メイン画面に背景のプレビューが表示されるので、プレビューを確認して「変更を保存する」をクリックします。
画面上部に出ている「設定を更新しましたブログを確認する」をクリックします。

3 確認する

ブログを確認できます。

◉ オリジナル画像を背景に設定する

自分の好きな画像をアップロードして、背景に設定することもできます。

1 「ファイル選択」をクリック

前ページの手順 2 で背景画像の一番上に表示されている「ファイルを選択」をクリックします。

クリックします

2 背景にしたい画像を選ぶ

自分のPCの中のファイル選択画面が開くので、背景に使用する画像を選択して、「開く」をクリックします。

1. 選択します

2. クリックします

3 表示設定

背景画像のアップロードが完了すると、サムネイルが表示され、「表示設定」という項目が表示されます。

サムネイルが表示されます

写真素材を探すのにオススメのフォトストックサービス

ブログ内で使う写真は自分が撮影した写真だけでなく、写真素材サイトを利用して使うこともできます。最近では無料で高画質の写真サイトもあるので、ブログで活用してみましょう。

◆ぱくたそ（https://www.pakutaso.com/）
高品質でクオリティの高い写真素材が見つかります。風景写真からモデルを使った人物写真もあり、素材が幅広いのが特徴です。背景、タイトル画像、アイキャッチ画像など、さまざまな用途で利用できるサイトです。

◆写真AC（https://www.photo-ac.com/）
写真ACを利用するには、アドレス登録か各SNSでログインが必要になります。こちらも幅広いテーマの写真を扱う無料写真素材サイトで、有料フォトストックサービスのような細やかなシチュエーションの写真が多数登録されています。ブログや記事に合わせた写真を見つけたい方におすすめのサイトです。

4 画像の表示（位置、繰り返し、スクロール）を設定する

画像の表示設定を行います（ここでは、わかりやすいようにカメラの写真で説明しています）。
すべての設定が終了したら、カスタムメニュー上部にある「変更を保存する」をクリックします。

4. 設定が終わったらクリックします

1.「位置」を設定します

背景画像の配置位置や開始位置を「左」「中央」「右」の中から選択します。

左

右

中央

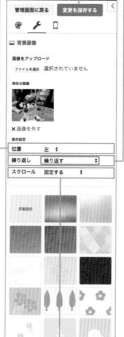

3.「スクロール」を設定します

画面をスクロールしたときに背景を固定するかスクロールするかを選択します。

固定する
背景画像が固定されるのでスクロールしても背景画像と同じ画面のままです。

スクロール
スクロールに合わせて背景画像もスクロールされます。

2.「繰り返し」を設定します

繰り返す
画面いっぱいに画像が繰り返されます。

水平方向のみ繰り返す
横方向にのみ画像が繰り返されます。

垂直方向のみ繰り返す
縦方向にのみ画像が繰り返されます。

繰り返さない
繰り返しはなしになります。

5 画像が適用される

背景に画像が適用されました。

◉ 背景色を適用する

背景をシンプルに色付きの背景にすることもできます。

1 「背景色」をクリック

「ダッシュボード」▶「デザイン」から「カスタマイズ」タブ🔧をクリックし、カスタマイズ画面を開きます（80ページ参照）。
カスタムメニューから「背景色」をクリックします。

1.カスタマイズ画面を開きます

2.クリックします

2 色を選択する

表示されている色の中から好きな色をクリックすると、メイン画面にプレビューが表示されます。カスタムメニュー上部にある「変更を保存する」をクリックすると、背景色の設定が完了します。

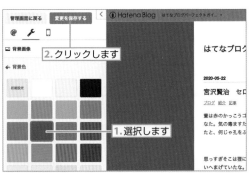

2.クリックします

1.選択します

Zoom デフォルトに戻したい場合

背景色をデフォルトに戻したい場合は、「初期設定」をクリックします。

3 確認する

ブログを更新して確認してみましょう。

Step 4-5

ヘッダ画像を設定する

ヘッダに画像を設定しましょう。ヘッダ画像はテーマ全体に表示され、ブログを印象付けます。ヘッダは、ブログの一番上の部分です。訪れるユーザーが一番最初に目に入る場所になりますので、ブログのコンセプトやイメージに合う画像を選ぶことによって、ブログを印象付けることができます。

ヘッダ画像とは

ヘッダ画像は、ブログの一番上に表示される画像です。この画像はなくても問題ありませんが、ブログ名などを入れた画像を設定すると、ブログを覚えてもらいやすくなります。
また、レスポンシブデザインのテーマを選択している場合は、1つの画像でPC用とスマートフォン用に自動的に変換されて表示されます（スマホのヘッダ画像については、110ページ参照）。

ヘッダ画像

ヘッダ画像を設定する

テーマにヘッダ画像を適用します。ヘッダに適用する画像は背景画像とは異なり、デフォルトで用意されていません。画像はあらかじめ自分で用意しておきましょう。

1 「ヘッダ」をクリック

「ダッシュボード」▶「デザイン」▶「カスタマイズ」タブ🔧からカスタマイズ画面を開きます（80ページ参照）。カスタムメニューから「ヘッダ」をクリックします。

1. カスタマイズ画面を開きます

2. クリックします

2 画像をアップロード

「画像をアップロード」にある「ファイルを選択」を
クリックします。

3 画像を選択

自分のPCの中から画像を選択して、「開く」をク
リックします。

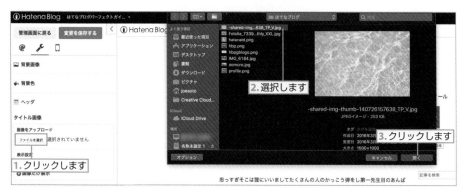

4 表示部分を選択する

画像のどの部分をヘッダ画像に適用するかを
決めます。画像をドラッグしながら表示させ
たい部分に明るい部分を合わせていきます。
範囲が決まったら、「適用」をクリックしま
す。

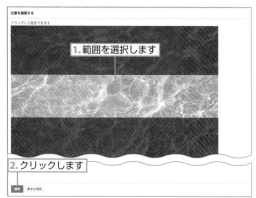

5 プレビューを確認する

プレビューにヘッダ画
像が適用されます。
位置を再度調整する場
合は、「位置を調整す
る」をクリックし手順
4 に戻ります。
画像を適用しない場合
や削除する場合は、「画
像を外す」をクリック
します。

6 タイトルテキストの設定

タイトルテキストを非表示にしたい場合は、「表示設定」で「画像だけ表示」を選択します。
プレビューを確認して、問題なければ「変更を保存する」をクリックすると、ヘッダ画像の設定が完了します。

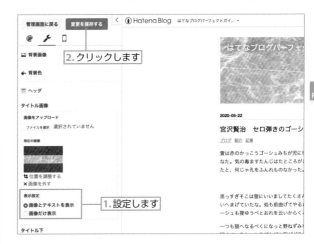

タイトルテキストの書式変更について

ここで選択できるのはタイトルテキストの表示／非表示のみで、タイトルテキストの書式や色の変更はできません。これらは、CSSを使ったカスタマイズで変更できます。詳しくは、127ページから解説します。

7 確認する

ヘッダ画像の設定が完了しました。ブログを更新して確認してみましょう。

Zoom タイトルテキストの有無

ヘッダ画像にロゴやブログ名を入れている場合などは、タイトルテキストが邪魔になってしまうので、タイトルテキストを非表示にして、画像だけを表示するといいでしょう。
ヘッダ画像が写真だけの場合は、タイトルテキストを表示しておきます。

◆タイトルテキスト非表示

◆タイトルテキスト表示

Step 4-6

ヘッダとフッタに情報を表示する

はてなブログのヘッダとフッタには、HTMLを使ってテキストを表示させることが可能です。テキストをHTMLで記述することで、テーマ全体に説明文などの情報を表示できます。

▶▶▶ヘッダとフッタの表示例

ブログのタイトルの下の部分を「ヘッダ」、メイン（記事とサイドバーを含む）の下の部分を「フッタ」と言います。この部分に挿入した文章などは、記事の一覧ページや記事ページ単体表示など、すべてのページに表示されます。

ブログ全体に表示されるので、ブログを通してのお知らせや情報を記入しておけば、ブログに訪れたすべての人に見てもらえます。

ヘッダ

フッタ

ヘッダ／フッタの活用例

HTMLが使用できるので、ナビゲーション（155ページ参照）や、広告（Part9参照）を表示させることもできます。

⏺ ヘッダにブログの説明文を入れる

ヘッダの下にテキストを表示させましょう。改行は普通に Enter キーで改行しても反映されません。HTMLで指定する必要があります。

1 「ヘッダ」をクリック

「ダッシュボード」▶「デザイン」▶「カスタマイズ」タブ✐からカスタマイズ画面を開きます（80ページ参照）。カスタムメニューから「ヘッダ」をクリックします。

1.カスタマイズ画面を開きます

2.クリックします

2 テキストを入力する

「タイトル下」のテキストボックスに表示させたい文章を記入して、「変更を保存する」をクリックします。

2.クリックします

1.入力します

確認する

ヘッダの下に文章が表示されているか確認しましょう。

確認します

Zoom **HTMLでレイアウトを整える**

右図から、テキストボックスで改行をしても実際の表示には適用されていないことがわかります。改行したい場合などは、下記を参照してHTMLで記述してみましょう。

🖊 フッタに説明文を入れる

フッタとはサイトの一番下の部分で、ここにも情報を表示させることが可能です。
ここでは、HTMLを使ったテキストを表示させてみます。

1 「フッタ」をクリック

「ダッシュボード」▶「デザイン」▶「カスタマイズ」タブ🔧からカスタマイズ画面を開きます（80ページ参照）。カスタムメニューから「フッタ」をクリックします。

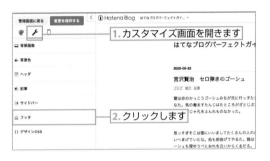

1.カスタマイズ画面を開きます

2.クリックします

2 テキストを入力する

テキストボックスに、以下を入力します。

```
<p>ここはブログの最下部に表示されます。</p>
<br>
<p>ブログの情報等を書いてみましょう。</p>
<br>
```

Zoom **使用しているHTML**

<p></p>は1つの段落を表示させるHTMLです。
は改行の意味を持つHTMLです。

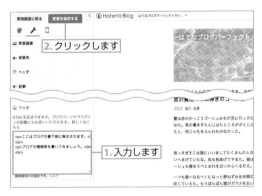

2.クリックします

1.入力します

 確認する

「変更を保存する」をクリックします。フッタに文章が表示されているか確認しましょう。

 HTMLについて

HTMLとはHyperText Markup Language（ハイパーテキスト・マークアップ・ランゲージ）の略です。もっとも基本的なマークアップ言語で、リンクや画像、改行やリスト等をHTMLタグを使用し記述することでWebページ上に表記できます。

```
<!DOCTYPE html>
<html lang="ja">
 <head>
  <meta charset="UTF-8">
  <title>はてなブログパーフェクトガイドブック</title>
 </head>
```

Step 4-7

記事の上下に情報を表示させる

ヘッダとフッタに情報を記述したように（88ページ参照）、記事の上下にも情報をHTMLで記述することができます。

▶▶▶ 記事の上下表示例

「記事の上下」は、記事ページのみに表示される部分で、すべての記事ページに共通して表示されます。「記事上」は記事タイトルの下の部分で、「記事下」ははてなブログの広告の下に表示されます。
記事上は本文の邪魔にならないよう、控えめにしておくのがおすすめです。記事下には、記事を読み終えた人のために、ブログのお知らせや更新情報などを書いておくと便利です。

記事ページのカスタマイズはプレビューを見ながら進める

記事画面のプレビューを表示させます。

1 「記事」をクリック

「ダッシュボード」▶「デザイン」▶「カスタマイズ」タブ🔧をクリックし、カスタマイズ画面を開きます（80ページ参照）。カスタムメニューから「記事」をクリックします。

2 「記事ページをプレビュー」ボタンをクリック

記事の編集画面が開きます。「記事ページをプレビュー」ボタンをクリックします。

3 記事ページのプレビューに切り替わる

先ほどまで、ブログのトップページのプレビューが表示されていたのが、記事ページのプレビューに切り替わりました。記事ページのカスタマイズは、この状態で行います。

記事上下にテキストを入力する

記事ページのカスタマイズ画面で、記事プレビューを有効にできたら、記事上下に情報を記述しましょう。

1 「記事上」「記事下」

サイドバーをスクロールして、「記事上下のカスタマイズ」の「記事上」「記事下」を表示させます。
ここに記述した情報やHTMLが記事の上下に表示されます。

2 「記事上」と「記事下」に入力する

記事の上下の情報も、テキストだけを記述してしまうと上下の余白や改行が行われません。これでは見づらいのでHTMLで整えてテキストを入力してみましょう。ここでは、以下のテキストを入力します。

記事上

```
<br>
<p>ここは記事の上に表示されます</p>
<br>
<p>改行を入れて表示させます。</p>
<br>
```

記事下

```
<br>
<p>ここは記事の下に表示されます。</p>
<br>
<p>改行を入れて表示させます。</p>
<br>
```

<p>段落で囲まれていないテキストには
改行は適用されません。文字の余白や改行ができたので、画面上部の「変更を保存する」ボタンをクリックします。

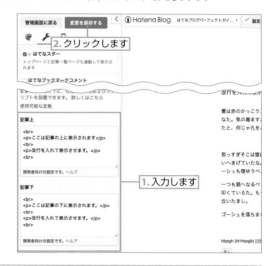

2.クリックします

1.入力します

 表示調整について

<p>や
等のHTMLタグでの表示位置の設定は、正しいデザイン方法かと聞かれると答えに困るところでもあります。本来であればCSSを使用して表示位置や余白を調整するのですが、そうするとHTMLよりも記述は長くなり手間も増えてしまいます（CSSを覚えて設定してしまえば、逆に楽とも言えますが…）。
そこまでは必要がないと言う人は、HTMLで簡単に表示を整えるのも1つの手段です。

---

3 確認する

記事の上下にテキストが表示されているか確認します。

 個別記事ページにのみ表示される

記事上下のカスタマイズの内容は、ブログ全体を表示したときには見られません。

 CSSとは

CSSはCascading Style Sheets（カスケーディング・スタイル・シート）の略となります。HTMLで表示に対して装飾やデザイン（大きさや幅、色や空間）等を整えるために使用されます。HTMLでも同じような装飾やデザインはできますが、CSSは個別にはもちろん、一度使うことで要素すべてに適用することができるので、便利です。

記事の上

記事の下

Step 4-8

ソーシャルパーツを追加する

はてなブログの初期設定で表示されているソーシャルパーツは「はてなブックマーク」「Facebook」「Twitter」「はてなスター」のみとなっています。しかし、他のソーシャルパーツも設定だけで表示ができるように用意されているので、追加してみましょう。

▶▶▶ ソーシャルパーツ表示例

ソーシャルパーツとは、ブログの記事をはてなブックマークやTwitter、Facebookなどの各SNSに共有するときに使われるボタンのことです。

ボタンをクリックすると、自動的に各SNSの投稿ウィンドウが開き、記事タイトルやブログ名などを表示してくれるので、気軽に記事を共有できます。ブログの記事を共有してもらうためにも、是非追加しておきたいパーツです。

ソーシャルパーツ—

クリックで簡単に記事をシェアできます

◉ ソーシャルパーツを追加する

ソーシャルボタンの追加も、「ダッシュボード」▶「デザイン」▶「カスタマイズ」タブ🔧▶「記事」から行います。カスタマイズする前に、「記事ページをプレビュー」ボタンをクリックします（90ページ参照）。

1 表示するパーツの選択

「ソーシャルパーツ」の項目で、表示させたいソーシャルメディアにチェックを入れます。
逆に表示させたくないパーツは、チェックを外します。
プレビュー画面に反映されるので確認します。

1.表示させたいパーツにチェックを入れます

2.確認します

2 表示位置を決める

「はてなブックマーク」「Facebook」「Twitter」「Google+1」「Tumblr」「LINE」「pocket」は、記事の上にもソーシャルパーツを表示することができます。

記事の上にも表示をさせたい場合は、表示設定の「記事上下に表示」を選択します。

設定が終わったら、「変更を保存する」をクリックします。

2.クリックします

1.選択します

ソーシャルパーツの表示

基本的に標準で表示されている「はてなブックマーク」「Facebook」「Twitter」は表示させておくようにしましょう。「pocket」の利用者は、意外に多いので、表示せておくとユーザーに喜ばれます。

ⓘ 記事下に表示できるソーシャルパーツ

記事の下にだけ表示できるソーシャルパーツは、「はてなスター」「はてなブックマーク」「関連記事」です。表示させたいパーツにチェックを入れます。

「はてなスター」はデフォルトで表示され、「はてなブックマーク」「関連記事」はデフォルトで非表示になっています。

はてなスター━━

はてなブックマーク━━

関連記事━━

🖊 スマートフォンで見たときのソーシャルボタン

スマートフォンから見たときにも、PCで見たときと同じソーシャルボタンが表示されます。
スマートフォンでは表示枠が狭くなってしまうので、表示しているブログパーツの数によっては二段表示になります。

パンくずリストを表示する

「ダッシュボード」▶「デザイン」▶「カスタマイズ」タブ🔧▶「記事」を開きます。カスタマイズする前に、「記事ページをプレビュー」ボタンをクリックしておきます（90ページ参照）。
「パンくずリスト」にチェックを入れると、記事ページにパンくずリストが表示されます。パンくずリストは、ユーザーにブログ記事の階層構造をわかりやすく伝えることができ、SEOにも良いとされています。

2. パンくずリストが表示されます

1. チェックを入れて、「変更を保存」をクリックします

Step 4-9

サイドバーのカスタマイズ

サイドバーに、「モジュール」を使用して、プロフィールやブログ内リンク等の情報を表示できます。デフォルトで表示されているものから、モジュールを追加できるように学んでいきましょう。

⑩ サイドバーのカスタマイズ画面を開く

サイドバーのカスタマイズ画面を開きます。モジュールの追加、編集、削除などすべてここで行います。

1 「サイドバー」をクリック

「ダッシュボード」▶「デザイン」から「カスタマイズ」タブ🔧をクリックし、カスタマイズ画面を開きます（80ページ参照）。
カスタムメニューから「サイドバー」をクリックします。

2 モジュールが開く

サイドバーメニューが開き、現在ブログに表示されているモジュールが表示されます。

⑩ モジュールの追加と削除

はてなブログでは、デフォルトで表示されている以外にもいくつかのモジュールが用意されています。まずは、モジュールの追加と削除の方法を覚えましょう。

1 「モジュールを追加」をクリックする

サイドバーにモジュールを表示させて（上記参照）、メニューの「モジュールを追加」をクリックします。

2 追加したいモジュールを選択

モジュール追加画面が開きます。この中から
使用したいモジュールをクリックします。
ここでは「カテゴリー」をサイドバーに表示
させたいので、「カテゴリーモジュール」を選
択しました。
カテゴリーモジュールの設定項目が表示され
ます。

3 モジュールのタイトルを決める

タイトルはモジュールのトップの部分に表示
されます。入力しない場合は、各モジュール
のデフォルトの名前になります。
ここでは「カテゴリー紹介」と入力しました。
表示を変更したい場合は、タイトルの記入欄
に希望のタイトルを入力します。

4 カテゴリーの並び順を決める

並び替え順のプルダウンメニューをクリックすると、プルダウンメニューでカテゴリーの並び順を選択でき
ます。カスタムを選択した場合は自分で順番を決めることができます。
各カテゴリーの右側にある ≡ にマウスカーソルを合わせて、ドラッグ＆ドロップで表示したい順に並び替え
ます。すべての設定が終わったら、「適用」をクリックします。

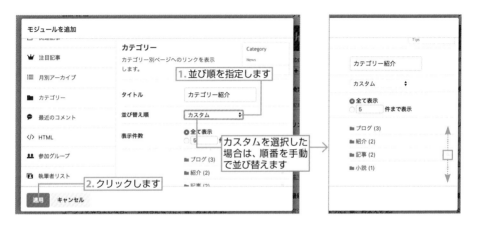

5　モジュールの表示順を決める

サイドバーに「カテゴリー紹介」というモ
ジュールが追加されています。
各モジュールの右側にある≡にマウスカーソ
ルを合わせ、ドラッグ＆ドロップで表示した
い順に並び替えます。

新しく追加したモジュール

新しく追加したモジュールは一番下に
追加されます。

6　保存する

プレビュー画面でモジュールが適用されているか確認して、「変更を保存する」をクリックします。
これで、サイドバーモジュールの追加が完了です。ブログに戻り表示されているか確認してみましょう。

「変更を保存する」を忘れずに

前ページの手順 4 でモジュールの設定を行い、「適用」ボタンをクリックしただけでは、ブログに反映されません。
保存をし忘れてしまうとモジュールに設定した情報も消えてしまいますので、適用後に保存を忘れないように注意
しましょう。

📄 サイドバーに最新記事／関連記事／注目記事を表示させる

はてなブログではサイドバーのモジュールを使って、記事にリンクを貼る方法が３種類用意されています。

- 最新記事
- 注目記事
- 関連記事

Part**4**

最新記事は書かれた順番に表示されていくものです。ブログを更新すると自動的に追加されます。注目記事は最近アクセスの多い記事や最近ブックマークされた記事順、そしてブックマーク数が多い順の中から表示する順番を選べます。

関連記事は同じカテゴリーの記事を表示してくれます。他の２つのカテゴリーとの違いは、ブログ全体ではなく記事ページにのみ適用される点です。

最新記事

宮沢賢治　セロ弾きのゴーシュ

花見

桜が咲いてたので近所へ花見に
行きました。

注目記事

宮沢賢治　セロ弾きのゴーシュ

花見

桜が咲いてたので近所へ花見に
行きました。

記事紹介やSNSで共有された際
に表示される大事な画像

はじめての投稿

関連記事

宮沢賢治　セロ弾きのゴーシュ

画像付きの最新記事リンクをサイドバーに表示する

サイドバーに最新記事／関連記事／注目記事のリンクを表示させます。
各記事リンクモジュールには、テキストリンクだけでなく、画像を付けることもできます。

1 「サイドバー」をクリック

「ダッシュボード」▶「デザイン」から「カスタマイズ」タブ🔧をクリックし、カスタマイズ画面を開きます（80ページ参照）。「サイドバー」をクリックします。

2 モジュールの「編集」をクリック

表示したい記事リンクのモジュールの横にある「編集」をクリックします。
ここでは「最新記事」を表示させたいので、最新記事の「編集」をクリックします。

1.カスタマイズ画面を開きます

2.クリックします

3.クリックします

3 サムネイル表示設定をする

「モジュールを編集」画面が開きます。
「サムネイル画像を表示する」のチェック
ボックスにチェックを入れて、サムネイル画
像サイズの入力欄に数値を入力します。ここ
では、縦横100pxとしました。

4 文章を表示する

「表示する文字数［0］文字」の［0］の部分
に、本文を表示したい文字数を入力します。

5 その他の設定

各リンクには投稿日時やブックマーク数、カ
テゴリーを表示することもできます。表示し
たいものにチェックを入れます。
ここでは、すべてにチェックを入れて表示し
てみます。設定が終わったら、「適用」をク
リックします。

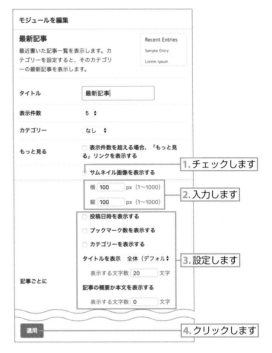

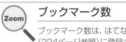

Zoom **ブックマーク数**
ブックマーク数は、はてなブックマーク
（224ページ参照）に登録された数です。

6 確認する

プレビューで表示を確認してみましょう。
サムネイル、日時、ブックマーク、カテゴ
リーが表示されているのが確認できます。

Zoom **サムネイルが表示されて
いない場合**
サムネイル画像を設定していない記事
にはサムネイルが表示されません。

7 保存する

表示を確認できたら、サイドバーメニューの
「変更を保存する」をクリックします。保存を
しないと編集内容がブログに適用されないの
で注意しましょう。
これで、記事リンクの設定が完了しました。
ブログを確認してみましょう。

ⓘ プロフィールモジュールにSNSボタンを表示させる

プロフィールモジュールには各SNSのフォローボタン
が用意されています。

プロフィールにSNSのフォローや購読ボタンを設定
するには、最初にTwitterと紐付けを行う必要があり
ます。

プロフィールにフォロー
ボタンを追加します

1 プロフィールの「編集」をクリック

「ダッシュボード」▶「デザイン」の「カスタマイズ」
タブ🔧▶「サイドバー」からサイドバーメニューを開
きます（96ページ参照）。「プロフィール」モジュー
ルの横にある「編集」をクリックします。

2 「有効にする」をクリック

各ボタンは「現在無効です」と表示されているので、
表示したいSNSボタンの「表示する」をクリック
します。

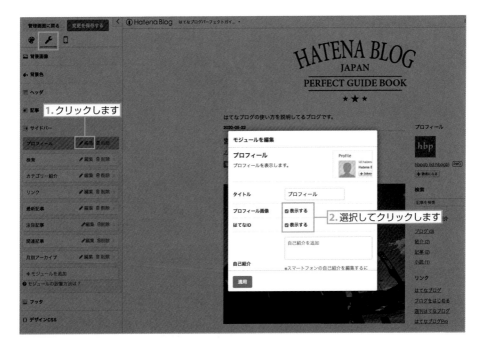

3　アプリケーションを認証する

外部アプリケーションの認証画面が表示されるので、「Twitter確認画面にすすむ」をクリックします。

4　SNSにログインする

Facebook、Twitterのログイン画面が開くので、アカウント情報を入力してログインします。

5　ブログ画面に戻る

ブログ画面に戻ります。これで、SNSアカウントの紐付けは完了です。

6 SNSボタンが有効になっている

もう一度プロフィールモジュールの編集画面を開くと（手順**1**参照）、各SNSのフォローボタンのチェックボックスが有効になっているので、表示したいボタンにチェックを入れて、「適用」をクリックします。

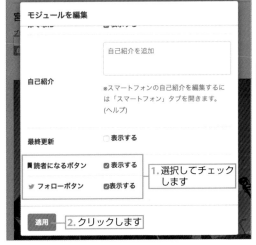

7 保存する

プレビューで確認して、サイドバーメニュー上部にある「変更を保存する」をクリックします。
これで、フォローボタンが表示されました。

⚐ その他のサイドバーモジュール

プロフィールや記事リンクの他にも、いくつかのモジュールが用意されています。

検索

デフォルトで表示されているモジュールです。ブログ内検索ボックスを表示できます。

```
検索

記事を検索              🔍
```

月間アーカイブ

デフォルトで表示されているモジュールです。記事が月毎に格納され、（）内には記事数が表示されます。表示方法はリストとカレンダーの２種類があります。

HTML

自由に記入できるモジュールがHTMLです。テキストや情報、広告や外部ブログパーツ等を表示したい場合は、こちらに記入をしていきます。

```
HTML

ここにHTMLを記入していきます。
```

最近のコメント

最近付いたコメントをIDと記事名、何日前に書かれたのかが表示されます。

```
最近のコメント

[hbp] hbpgb (id:hbpgb) 記事紹介やSNSで共有された際に表示され... (0分前)

[hbp] hbpgb (id:hbpgb) 桜が咲いてたので近所へ花見に行きました。 (0分前)
```

リンク

外部サイトにリンクを貼るための、デフォルトで表示されているモジュールです。初期設定では、はてなブログへのリンクが表示されています。タイトルとURLを記入してリンクを追加します。

```
リンク

はてなブログ

ブログをはじめる

週刊はてなブログ

はてなブログPro
```

Step 4-10

 # スマートフォン用画面の
デザイン設定

デフォルトの設定では、ブログがスマートフォンから観覧されたときは、はてなブログ独自のスマートフォン用画面で表示されます。PCほど細やかな設定はできませんが、スマートフォン用画面のデザインも変更できます。

◉ スマートフォン設定画面を開く

「ダッシュボード」 ▶ 「デザイン」画面を開き（74ページ参照）、「スマートフォン」タブ□をクリックします。
この画面でスマートフォンからブログを見たときの表示設定や、プレビューが確認できます。

1.「ダッシュボード」→「デザイン」を開きます | 2.クリックするとスマートフォン設定画面が開きます

スマホ画面の表示に
関する設定ができます

スマホ画面の表示の
プレビューが確認できます

⚙ スマートフォンのデザインについて

スマートフォン用画面とPC表示の大きな違いは、サイドバーの部分です。PCの表示設定のすべてが表示されません。一覧下や記事下には自動的に「プロフィール」「検索」「注目の記事」が入る設定になり、PCで設定したヘッダ・フッタ、記事上/記事下の情報は表示されません。スマートフォン用画面でこれらを表示するには、有料サービス「はてなブログPro」に登録する必要があります。また、はてなブログでは一部のテーマを使うことで「レスポンシブデザイン」に対応できます。
ほとんどのレスポンシブデザインでは、PCで2カラム表示のメイン・サイドバーの横並びだったものは、スマートフォンでメイン・サイドバーの縦並びになります。
この場合、サイドバーに表示されているものも基本的にすべて表示されます。

Zoom　レスポンシブデザインとは

デバイスや画面サイズによって、Webページの見え方を変化させるWebデザイン技術です。PC用に制作したWebページはスマートフォン等で見た場合には小さく表示されてしまいますが、レスポンシブデザインを用いることで、PCで見た場合とスマートフォンで見た場合など、観覧ユーザーの状況に合わせてデザインを自動的に変化させてくれます。以前はPC用とスマートフォン用のファイルを2つ用意する等で対応していたのですが、レスポンシブデザインが登場したことで、制作するファイルは1つで多くの環境のユーザーに対応をできるようになりました。

デザイン

表示するデバイスによって自動的に変更される

⚙ レスポンシブデザインをスマートフォンに適用する

テーマストアでレスポンシブデザイン対応のテーマを探して、適用しましょう。

1 「レスポンシブ」表記を探す

テーマストアを開き（77ページ参照）、レスポンシブ対応のテーマを探します。
カテゴリー分けされているわけではないので、サムネイルや各テーマの詳細説明を見てレスポンシブに対応しているか確認します。

「レスポンシブ」の表記を確認します

2 インストールする

テーマが見つかったら「プレビューしてインストール」をクリックして、適用するブログを選択します。ここまでは、PC用のテーマ変更と同じです。

クリックします

> **Zoom 公式テーマのレスポンシブデザイン対応テーマ**
>
> 公式テーマのレスポンシブデザインは下記のURLで確認できます。
> ◆はてなブログ開発ブログ
> https://staff.hatenablog.com/entry/2016/03/09/161000

 3 スマートフォンタブを開く

スマートフォン画面の設定画面を開き（105ページ参照）、「詳細設定」をクリックします。

 4 「レスポンシブデザイン」にチェック

「レスポンシブデザイン」横のチェックボックスにチェックを入れます。プレビューがPC用の表示になったら、サイドバーメニュー上部の「変更を保存する」をクリックすると、レスポンシブデザインの設定完了です。

> **Zoom 「レスポンシブデザイン」にチェックを入れないと…**
>
> レスポンシブデザインに対応しているテーマを利用していても、「レスポンシブデザイン」にチェックを入れないと適用されずに、はてなブログのスマートフォン用デザインが表示されます。

> **Zoom 「レスポンシブデザイン」にチェックを入れても表示が変わらない場合**
>
> 「レスポンシブデザイン」にチェックを入れても、レスポンシブデザインに適応しないことがあります。
> その場合は、テーマインストール後に「デザイン」▶「デザインCSS」を開き（122ページ参照）、一番上に下記のコードを貼り付けます。
>
> /* Responsive: yes */
>
> その後、「レスポンシブデザイン」にチェックを入れると、レスポンシブデザインが適用されます。上記の作業が必要かどうかは各テーマの説明に書いてあるはずなので、確認してみてください。

5　確認する

スマートフォンなどでレスポンシブデザインの表示確認をしてみましょう。
レスポンシブに対応していないテーマでレスポンシブデザインを適用してしまうと、右の画像のようにPC表示になります。

スマートフォン表示

PC表示

📍 アクセントカラーを変更する

スマートフォンページでは背景画像や背景色を付けることはできませんが、トップに表示されている「Hatena Blogロゴ」やリンクカラーのアクセントカラーを変更することができます。

アクセントカラーで変更できる場所

リンクやロゴの色がアクセントカラーになります。

アクセントカラーを設定する

スマートフォン画面の設定画面を開き（105ページ参照）、「アクセントカラー」のカラーパレットから好きな色をクリックします。
プレビューを確認して、「変更を保存する」で保存します。

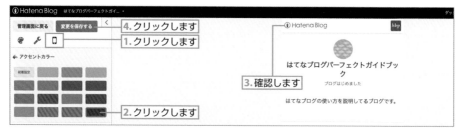

✍ スマートフォンページでの記事上下の表示／カテゴリー表示

有料サービスの「はてなブログPro」に登録すると、90ページで設定した記事の上下の情報をスマートフォン用ページにも表示させることができます。
また、スマートフォンページの記事の上下にPCとは別の情報を表示させることも可能です。

1 スマートフォンタブを開く

スマートフォン画面の設定画面を表示します（105ページ参照）。

2 「記事ページをプレビュー」をクリック

「記事」をクリックして、「記事ページをプレビュー」をクリックします。

3 カテゴリー表示と記事上下の表示を設定する

スマートフォンからブログを見たときのカテゴリーの表示位置、記事上下の情報の表示を設定できます。
設定が終わったら、「変更を保存する」をクリックします。

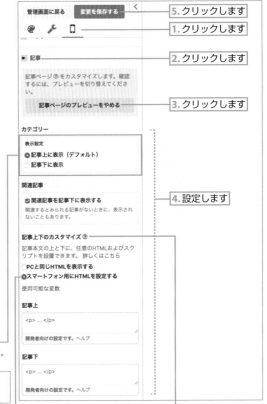

5. クリックします
1. クリックします
2. クリックします
3. クリックします
4. 設定します

カテゴリー表示
カテゴリー表示を記事の上か下にするかを選択できます。

スマートフォン用にHTMLを設定する **Pro**
スマートフォンページ用に記事上下の情報をカスタマイズできます。

記事上下のカスタマイズ **Pro**
チェックを入れるとPCで記事の上下に設定したHTMLが表示されます。

スマートフォンページでのヘッダとフッタの表示

スマートフォンページにもヘッダ画像を設定できます。PCでヘッダ画像を指定している場合は、同じ画像を設定したり、スマートフォン用に異なる画像を設定することも可能です。

また、スマートフォンページのタイトル下とフッダに情報を表示するには、有料サービス「はてなブログPro」に登録する必要があります。

スマートフォンページのヘッダ画像を設定する

1 スマートフォンタブを開く

スマートフォン画面の設定画面を開きます（105ページ参照）。

2 ヘッダ画像を適用させる

「ヘッダ」の「タイトル画像」から「PCと同じ画像を表示する」を選択するとPC用に設定したヘッダ画像がスマートフォンの画面にも適用されます。プレビューを確認して、「変更を保存する」をクリックします。

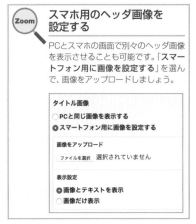

Zoom　スマホ用のヘッダ画像を設定する

PCとスマホの画面で別々のヘッダ画像を表示させることも可能です。「スマートフォン用に画像を設定する」を選んで、画像をアップロードしましょう。

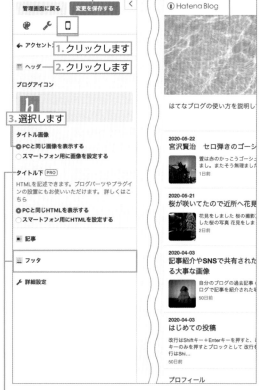

タイトル下とフッダへの表記　**Pro**

スマートフォンページのタイトル下とフッダへの表記は、有料サービス「はてなブログPro」の機能になります。

タイトル下 [PRO]

HTMLを記述できます。ブログパーツやプラグインの設置にもお使いいただけます。詳しくはこちら

○ PCと同じHTMLを表示する
● スマートフォン用にHTMLを設定する

<p>ここにHTMLを記入できます。</p>

Part 5

CSSを使ったブログカスタマイズ

CSSでブログの見栄えをデザインすれば、よりいっそう自分だけのオリジナルなブログになります。本章では、基本的な表示カスタマイズからSNSボタンの変更まで順を追って学んでいきましょう。

本Partで使用するコードのうち、Sampleナンバーが付いているものは、サポートページよりダウンロードできます。詳しくは、8ページを参照してください。

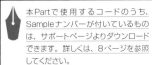

ここがSampleナンバー　　Sample 000

Step 5-1

CSSを使ったカスタマイズについて

はてなブログのCSSを使ったカスタマイズはどんなことができるのかなど、実際にカスタマイズを行う前に、その概要を説明します。

本章でできること

本章では、ブログの表示を独自にカスタマイズする方法を学んでいきます。

はてなブログでは、簡単にデザインを変更できるようにさまざまなブログテーマが用意されていますが、そのテーマに対してCSSやHTML、jQueryなどを指定することによって、さらにブログのデザインをカスタマイズすることができます。

テーマのデザインを独自にカスタマイズして、人とは違う自分だけのオリジナルブログを目指してみましょう。

本章で行うカスタマイズのイメージ

本章では既存のテーマを利用して、タイトル部分、見出し部分などの変更したい場所をカスタマイズしていきます。どのようにカスタマイズすればいいのか、CSSやHTMLとは何かを学び、ブログを自分の色にカスタマイズしていきましょう。

またブログの見た目だけでなく、HTMLやjQueryを利用したメニューの設置やSNSボタンの変更にも挑戦してみます。カスタマイズに慣れてきたら、自分の好きなカラーやブログの内容に合ったカラーなどに変更してもよいでしょう。

シンプルなテーマの、タイトルや見出しなどの基本をデザインします。また、グローバルナビゲーションの設置、フォロー・シェアボタンまでオリジナルブログにカスタマイズしていきます。

⚫ HTMLとは

HTMLは「HyperText Markup Language(ハイパーテキスト・マークアップ・ランゲージ)」の略語です。HTMLはもっとも基本的なマークアップ言語で、リンクや画像、改行やリスト等のHTMLタグを記述することで、Webページを表示することができます。

HTMLの基本は、タグを利用して「その部分がどんな要素であるのか」を指定することで、ブラウザに表示させます。開始タグと終了タグで囲んだ形が、タグの基本形になります。

\<h1\>花見をしました。\</h1\>

開始タグ　　　　　終了タグ

\<h1\>は大見出しを指定するタグです。\</h1\>で挟むことで、開始タグ\<h1\>と終了タグ\</h1\>の間が大見出しだとブラウザは認識します。

> **Zoom** 単体で指定するタグ
>
> 開始タグと終了タグで挟むのがHTMLの基本の形ですが、\<br\>\<img\>など単体で指定するタグもまれに存在します。

HTMLタグの使用例

以下のようなHTMLを作成し、ブラウザで閲覧すると、下図のように表示されます。

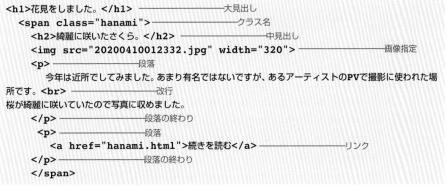

```
<h1>花見をしました。</h1>                          大見出し
    <span class="hanami">                         クラス名
        <h2>綺麗に咲いたさくら。</h2>                中見出し
        <img src="20200410012332.jpg" width="320">   画像指定
        <p>                  段落
            今年は近所でしてみました。あまり有名ではないですが、あるアーティストのPVで撮影に使われた場
所です。<br>                  改行
桜が綺麗に咲いていたので写真に収めました。
        </p>                  段落の終わり
        <p>                  段落
            <a href="hanami.html">続きを読む</a>      リンク
        </p>                  段落の終わり
    </span>
```

🔻 ブラウザで確認

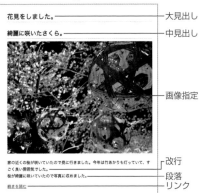

花見をしました。—————大見出し
綺麗に咲いたさくら。—————中見出し

　　　　　　　　　　—————画像指定

家の近くの桜が咲いていたので見に行きました。今年は竹あかりも灯っていて、すごく良い雰囲気でした。————改行
桜が綺麗に咲いていたので写真に収めました。————段落
続きを読む————リンク

> **Zoom** クラス名
>
> クラス名については、118ページを参照してください。

> **Zoom** \<!-- コメント--\>タグ
>
> \<!--ここにコメントを記入--\>と記述した部分はコメント扱いとなって、実際にブラウザには表示されません。
>
> **\<h1\>花見をしました。\</h1\>**
> **\<!-- 大見出し --\>**

Part.5

ⓘ CSSとは

CSSは Cascading Style Sheets (カスケーディング・スタイル・シート) の略となります。
前ページで解説したように、HTMLはタグを使うことによってWeb上に文字や画像を表示しましたが、このHTMLに対して装飾やデザインを指定するのが、CSSです。

CSSの例

下記のHTMLがあります。

```
<p>HTMLを装飾する</p>
```

これをブラウザで表示すると、以下のようになります。

> HTMLを装飾する

では、上記のHTMLにCSSを指定してみましょう。ここでは文字色を青に指定します。

```
<p style="color:blue;">HTMLを装飾する</p>
```

これをブラウザ上で表示すると、以下のようになります。

> HTMLを装飾する

CSSで指定したとおり、文字色が青になりました。このようにHTMLで表示される文字やテキスト等をCSSを指定して装飾することで、デザインカスタマイズを行います。
「HTMLタグに対して、CSSを指定してデザインする」というイメージです。

デザインは**HTML**と**CSS**でできている

HTML(骨組み)　　　　CSS(装飾)　　　　デザイン

CSSの書き方の基本

CSSをHTML内で使う場合の基本の書き方は、以下のようになります。

```
<要素名 style="プロパティ:値;">
```

前ページのCSSの例は、このように構成されていました。

```
<p style="color:blue;">HTMLを装飾する</p>
```
要素名　　　プロパティ　値

要素とは

要素とは、HTML内に記述された＜＞タグの中に記述されている文字列を指します。ここでは、<p>が要素になります。他にも、<html><body><span><div>などがあります。

このように、HTMLに直接CSSを書き足す表記方法を「インラインスタイル」と言います。インラインスタイルは初心者にもわかりやすい表記方法ですが、HTML要素が増える度にすべてのHTML要素名にCSSを書かなくてはなりません。この問題を解決するのが、「外部スタイルシート（リンキングスタイルシート）」を使った方法です。この方法であれば、一度指定するだけでそのすべての要素名に対してCSSを指定できます。

ⓘ 外部スタイルシートとは

前項目で解説したインラインスタイルのCSSと違って、外部スタイルシート（リンキングスタイルシート）を使うと、一度の記述でHTML内の要素すべてにCSSを指定できます。

何度も記述する手間を省略でき、管理もシンプルになります。

外部スタイルシートの書き方の基本

外部スタイルシートの基本の書き方は、以下のようになります。

```
要素名{
    プロパティ:値;
}
```

以下のHTMLがあります。

```
<p>HTMLを装飾する</p>
<div>ここはP要素ではありません。</div>
<p>HTMLを装飾する</p>
```

ブラウザでは、このように表示されます。

```
HTMLを装飾する

ここはP要素ではありません。

HTMLを装飾する
```

これに外部スタイルシートでCSSを指定してブラウザで表示すると、以下のようになります。

```
p {
要素名
        color:blue;
     プロパティ    値
}
```

HTMLを装飾する

ここはP要素ではありません。

HTMLを装飾する

<p>タグで囲まれた部分だけが、文字色が青になりました。<div>タグで囲まれた部分には色が付いていません。このように特定の要素（ここでは<p>タグ）すべてにプロパティと値（ここでは色を青色にする）を指定できるのが、外部スタイルシートです。下記は、インラインスタイルのCSSと同じ内容を外部スタイルシート（リンキングスタイルシート）で表記したものです。

インラインスタイルのHTML+CSS記述

```
<p style="color:blue;">あいうえお</p>
<p style="color:blue;">かきくけこ</p>
<p style="color:blue;">さしすせそ</p>
```

外部スタイルシート

【HTML記述】

```
<p>あいうえお</p>
<p>かきくけこ</p>
<p>さしすせそ</p>
```

【CSS記述】

```
p {
        color:blue;
}
```

外部スタイルシートはインライン要素とは違い、外部から読み込む必要があります。
はてなブログでは、「ダッシュボード」▶「デザイン」▶「カスタマイズ」▶「デザインCSS」という場所にコードを貼り付けることで、外部スタイルシートを指定します。詳しい方法などは後述します。

```
/* <system section="background" sel
/* default */
/* </system> */

.balloon-icon-left {
    width: 100px;
    height: 100px;
    float:right;
    background: url("http://cdn-ak.f.
        /dreamark/20160423/2016042322
    background-position:center center
    -moz-background-size:cover;
    background-size:cover;
    border-radius: 50px;
```

インラインスタイルと外部CSS図

インラインスタイル

<p style="color:blue;">あいうえお </p>
<p style="color:blue;">かきくけこ </p>
<p style="color:blue;">さしすせそ </p>

外部 CSS

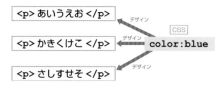

⑥ セレクタ部分に名前を付ける

特定の要素全体にCSSの指定ができるのが外部スタイルシートのメリットですが、<p>のように よく使うタグの場合は、困ったことになることもあります。下の例では、<p>タグのすべてにCSS が適用され、すべての<p>タグの文字色が青色に変更されています。

【HTML記述】

```
<h3>ここが大見出しです</h3>
<p><h3>セレクタに擬似要素であるafterを使って2トーンカラーに指定⊐
してみました。配色は好きなように変更をして使ってみて下さい。</p>
<blockquote>
<p>親譲りの無鉄砲で小供の時から損ばかりしている。〜略〜答えた。</p>
<p>(青空文庫より)</p>
</blockquote>
<h4>中見出し</h4>
<p><h 4>セレクタに中見出しはCSSを使用したベーシックなデザインを⊐
指定してみました。こちらも好きな配色にして使ってみて下さい。</p>
</div>
```

【CSS記述】

```
p {
    color:blue;
}
```

【ブラウザで確認】

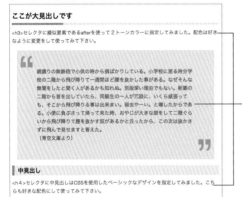

<p>で挟まれている文字すべてが青色になる

⊐マーク

本書のコードに登場する⊐マークは、「書籍の スペースの関係上改行しているけれど、本来は 改行無しで続けて記入する」という意味です。 実際にコードを入力する場合は、⊐マークの ところで改行せずに続けて記述してください。

「すべての<p>タグではなく、この<p>タグだけにCSSを指定したい」場合は、HTMLのセレク タ部分(CSSの指定の対象になる部分。ここでは、<p>タグ)に名前を付けて他と区別します。 名前が付くと別のセレクタとして認識されるので、これに対してCSSを指定することで、個別にデ ザインできます。これを、「クラス名を付ける」「ID名を付ける」といいます。 下の例は、<p>タグにtxtbluというクラス名を付けています。

```
<p>HTMLを装飾する</p>
```

```
<p class="txtblu">HTMLを装飾する</p>
```
クラス名

<p>タグのpの後ろに半角スペースを空けてからclass=" "と表記し、" "の間にクラス名を付け ます。クラス名は、任意の名前でかまいません。

id名も同じように、`<p>`タグのpの後ろに半角スペースを挿入してから`id=" "`と表記して、`"` と `"` の間にid名を付けます。id名も任意の名前でかまいません。

 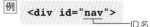

 クラス名やid名の表記

クラス名とID名の開始は必ずアルファベットで表記します。数字から始めてはいけません。使える文字はすべて半角で、アルファベット（大文字／小文字）、数字、アンダーバー（_）、ハイフン（−）となります。また、アルファベットの大文字／小文字は別のクラス名やID名で区別されます。

セレクタにCSSを指定する

クラス名、id名を付けたセレクタ（クラスセレクタ・IDセレクタ）にCSSを記述してみましょう。
前ページのHTMLの`<p>`タグの1つに「txtblu」というクラス名を付けました。
クラスセレクタを指定するCSSは「.class名」という形で、.（ピリオド）をつけて記述します。
また、idを指定するときは「#id名」という形で、#（ナンバー記号）をつけて記述します。

【HTML記述】

```
<h3>ここが大見出しです</h3>
<p class="txtblu"><h3>セレクタに擬似要素であるafterを使って
2トーンカラーに指定してみました。配色は好きなように変更をして使ってみ
て下さい。</p>
<blockquote>
<p>親譲りの無鉄砲で小供の時から損ばかりしている。〜略〜答えた。</p>
<p>（青空文庫より）</p>
</blockquote>
<h4>中見出し</h4>
<p><h4>セレクタに中見出しはCSSを使用したベーシックなデザインを
指定してみました。こちらも好きな配色にして使ってみて下さい。</p>
</div>
```

【CSS記述】

```
.txtblu {
    color:blue;
}
```

【ブラウザで確認】

ブラウザで表示してみると、.txtbluクラスセレクタの文字色だけが青色になりました。

> **ここが大見出しです**
>
> `<h3>`セレクタに擬似要素であるafterを使って2トーンカラーに指定してみました。配色は好きなように変更をして使って下さい。
>
> > 親譲りの無鉄砲で小供の時から損ばかりしている。小学校に居る時分学校の二階から飛び降りて一週間ほど腰を抜かした事がある。なぜそんな無闇をしたと聞く人があるかも知れぬ。別段深い理由でもない。新築の二階から首を出していたら、同級生の一人が冗談に、いくら威張っても、そこから飛び降りる事は出来まい。弱虫やーい。と囃したからである。小使に負ぶさって帰って来た時、おやじが大きな眼をして二階ぐらいから飛び降りて腰を抜かす奴があるかと云ったから、この次は抜かさずに飛んで見せますと答えた。
> > （青空文庫より）
>
> **中見出し**
>
> `<h4>`セレクタに中見出しはCSSを使用したベーシックなデザインを指定してみました。こちらも好きな配色にして使ってみて下さい。

指定したセレクタ（ここでは、`<p class="txtblu">`）だけが青色になった

クラス名とid名の使い分け

クラス名は何度も自由に使えますが、id名は1つのHTML内に1度しか同じものを使えません。
同じ名前のidを使用すると問題が生じることもあるので、注意が必要です。

都道府県が「id名」市区町村が「クラス名」

都道府県がid名で、クラス名が市町村に例えることができます。都道府県名には同じ名前がありませんが、市区町村名には同じ名前があったりします。都道府県名のように大きな枠はidで指定し、市区町村のように小さい枠はクラス指定すると覚えておきましょう。

Step 5-2

自分のブログのHTMLと CSSを見てみよう

自分のブログのHTMLとCSSを確認してみましょう。確認には、GoogleのWebブラウザ「Google Chrome」を使います。カスタマイズを行う前に、どこのHTMLにどのようなCSSが適用されているのか確認する方法を覚えておきましょう。

Google Chromeを使う

本書のカスタマイズは、無料で使用できる「Google Chrome」でブログにアクセスして行います。お使いのパソコンにGoogle Chromeがインストールされていない場合は、「https://www.google.co.jp/chrome/browser/desktop/」からダウンロード／インストールします。

HTMLとCSSを確認する

Google Chromeを使って、自分のブログのHTMLとCSSがどう記述されているかを確認します。

1 Chromeで検証を選択

Chromeでブログを表示して画面上を右クリックし、ショートカットメニューから「検証」を選択します。

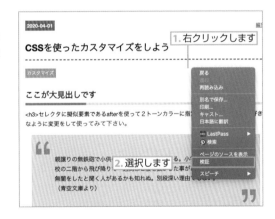

2 検証画面が開く

検証画面が開くと、画面の右側にHTMLとCSSが表示されています。
左上にある 🔲 をクリックします。

 について

Zoom

スマートフォン・タブレットマーク🔲をクリックすると、レスポンシブデザインの検証を行えます。iPhoneやGalaxy、Nexusでの表示検証も可能です。

3 調べたい部分にカーソルを合わせる

矢印マークが青くなっている■のを確認します。この状態で調べたい要素の上にマウスカーソルを合わせると、知りたい要素がハイライトされ、検証画面の方に該当するHTMLが表示されます。その下には該当するCSSが表示されます。検証を閉じる場合は、右上にある■をクリックします。

値を変更してプレビューもできる

Google Chromeの「検証」では、HTMLやCSSがどのような構造になっているかを調べるだけではなく、値を変更したときのプレビューを見ることができます。ここでは、borderを1pxから4pxに変更してみました。値を変更すると、画面も変更されます。※ここではプレビューなので、保存されません。

Step 5-3

はてなブログの CSS カスタマイズ の基本手順

はてなブログを CSS でカスタマイズする手順を解説します。カスタマイズする場所の確認方法や CSS の記述場所など、はてなブログのカスタマイズに必要な流れを解説します。

CSS カスタマイズの基本手順

はてなブログのカスタマイズでは、テンプレートを直接編集できないので、CSS を追記することでデザインを変更していきます。「カスタマイズの元になるテーマを選択→変更内容を Google Chrome で確認→はてなブログに貼り付ける」という流れがカスタマイズの手順になります。

Step1	**Step2**	**Step3**
デザインの元にしたいテーマに選択する	Google Chrome の「検証」で変更したい場所の CSS を確認する	はてなブログの「デザイン CSS」に CSS に追記する

Step1 デザインの元にしたいテーマに変更する

まずは使いたいテーマを選びましょう（テーマの変更方法は、75 ページを参照してください）。
本書のカスタマイズでは、「Report」を選択します。

テーマを変更します

他のテーマでのカスタマイズについて

各テーマの基本的な部分の CSS は同じなので、本著の手順でもカスタマイズ可能ですが、一部テーマでは、カスタマイズ後の表示が異なったり表示が崩れたりします。

Step2 変更したい場所のCSSを確認する

Google Chromeの検証機能（119ページ）を使用して、変更する箇所のクラス名やid名、指定されている
CSSを確認します。

Step3 はてなブログの「デザインCSS」に追記する

はてなブログのCSSを変更します。既存のCSSを修正するのではなく、追記する形でCSSを変更します。
CSSには、「基本的には後に書かれた記述が優先される」という特性があるので、既存のCSSにプロパティ
や値を追加していくことで、デザインを変更できます。

1 「デザインCSS」を開く

「ダッシュボード」▶「デザイン」▶「カスタ
マイズ」タブ🔧からカスタマイズ画面を開き
ます（80ページ参照）。
「デザインCSS」に現在のCSSが記入され
ています。

2 貼り付ける場所を確認する

CSSを貼り付ける場所は、テーマ「Report」
の場合はデザインCSSの一番下の行にある
/* </system> */の下になります。

CSSを追記する場所

前ページの手順のCSSをテキストにすると、以下のようになります。
/*</system> */の下（緑色の文字の部分）にCSSを貼り付けます（※テーマ「Report」を使用している場合）。

```
/* <system section="theme" selected="report"> */
@import "/css/theme/report/report.css";
/* </system> */
/* <system section="background" selected="undefined"> */
/* </system> */
※ここに記述したCSSを貼り付けていく
```

3 貼り付ける

手順2で確認した「デザインCSS」
に、変更するCSSを追記します。

4 保存する

プレビューにCSSが反映されて
いることを確認して「変更を保存す
る」をクリックします。
これで、デザインのカスタマイズの
完成です。

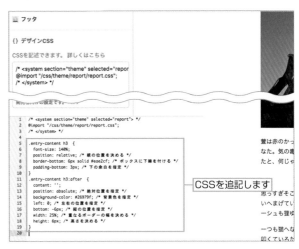

CSSを追記します

1. プレビューを確認します

2. クリックします

CSSを間違えた場合

CSSを間違えたり気に入らない場合は、その部分のCSSを「デザインCSS」から消去すると、元のデザイ
ンに戻ります。

カスタマイズの注意点と便利な使い方

ここでは、カスタマイズする前の注意点と、知っていると便利な機能を紹介します。
特に注意点はよく確認しておきましょう。

最初から書いてあるCSSを消さないこと

デザインCSSの初期から書いてあるCSSを消去してはいけません。テーマ「Report」を例にすると、下記
が最初から書かれてあるコードです。テーマを反映していたりシステムで背景などを読み込んでいるときに
表示されるものなので、消してしまうとテーマの設定が消えてしまうので注意してください。もし消してし
まった場合は、テーマストアでインストールし直しましょう。

```
/* <system section="theme" selected="report"> */
@import "/css/theme/report/report.css";
/* </system> */

/* <system section="background" selected="undefined"> */
/* </system> */
```

本書で解説するカスタマイズで使用しているテーマ

この先解説するカスタマイズでは、はてなブログの公式テーマである「Report」を使用していま
す。Reportは装飾が限りなくシンプルで、カスタマイズに向いたテーマです。

スマートフォンブログカスタマイズの場合 　Pro

はてなブログでは、PC用にCSSカスタマイズを行ってもスマートフォンブログには反映されない
ので、スマートフォンブログには別途CSSを追記してカスタマイズする必要があります。ただし、
スマートフォンデザイン画面にはPCの「デザインCSS」のようなCSS記述場所が用意されてい
ないので、自分でCSSを指定して貼り付けます。具体的な方法は、105ページで解説しています。
なお、スマートフォンデザインカスタマイズは「はてなブログPro」ユーザーだけが行えます。

1 CSSを確認する

Google Chromeで「ダッシュボード」▶デザイン画面を開き（74ページ参照）、「スマートフォン」タブ 📱 をクリックすると、スマートフォンデザインのプレビュー画面が開きます。この画面で検証機能を使用して（119ページ参照）、変更する箇所のクラス名やid名、指定されているCSSを確認します。

記事ページでしか出てこない要素の検証

Zoom

見出しなど記事ページでしか出てこない要素を検証したい場合は、「記事」欄にある「記事ページをプレビュー」をオンにします（109ページ参照）。

2　CSSを指定する

Sample　126

スマートフォンの場合は、PCデザインのように専用のCSSを貼り付ける場所がないので、自分でCSSを指定する必要があります。右のように記述した部分がCSSとして認識されます。

```
<style type="text/css">
ここに記述したCSSを貼り付けていく
</style>
```

3　CSSを貼り付ける

「ダッシュボード」▶「デザイン」▶「スマートフォン」タブ 📱 を開きます（105ページ参照）。「ヘッダ」にある「タイトル下」がCSSを貼り付ける場所です。

4　反映を確認して保存する

プレビューにCSSが反映されているのを確認します。問題ないようでしたら、「変更を保存する」をクリックします。

レスポンシブデザインの検証

レスポンシブデザインの検証をする場合は、119ページの手順 2 の ⬜ をクリックします。

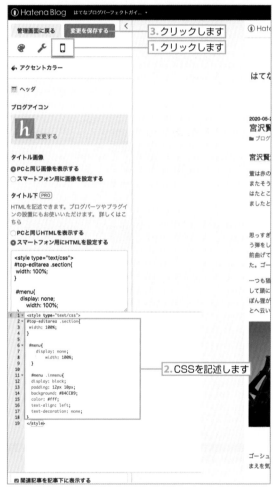

Step 5-4

ブログタイトルの色と大きさの
カスタマイズ

まずはブログタイトルと周辺のカスタマイズをしていきます。最初なので簡単なCSSを
使用して見た目を変えてみましょう。カスタマイズの元になるテーマは、「Report」を使
用しています（124ページ参照）。

▶▶▶ ここで行うカスタマイズ

ブログタイトルの大きさと色を変更します。

Before

After

◉ ブログタイトルの文字を大きくする

ブログのタイトル文字を目立つように大きくしてみましょう。

▶▶▶ 変更前→変更後

タイトルの変更をするには #titleを変更します。
文字を大きくするために、font-sizeを24pxから35pxにします。

Before

After

1　Google Chromeの「検証」でタイトルをクリックする

Google Chromeでブログを開き、「検証」画面を開きます（119ページ参照）。ここでは、タイトルテキストを変更するのでタイトルをクリックすると、該当するHTMLとCSSが表示されます。

タイトルをクリックしてHTMLとCSSを調べます

2　CSSを変更する

手順1で見つけたCSSをテキストエディタなどにコピーして、以下のように書き直します。
文字の大きさを変えるために、「font-size」プロパティの値を24px→35pxに変更しました。

変更前

```
#title {
    display: inline-block;
    *display: inline;
    *zoom: 1;
    font-size: 24px;
}
#title a {
  text-decoration: none;
  color: #222;
}
```

変更後　　　　　　　　　　　Sample　128

```
#title {
  display: inline-block;
  *display: inline;
  *zoom: 1;
  font-size: 35px; /* フォントサイズの⤵
値を変更 */
}
#title a {
  text-decoration: none;
  color: #222;
}
```

> **Zoom**　aセレクタは色を指定する場所
>
> aセレクタ（#title a {)は、タイトルの色を指定する部分です。次ページで解説します。

3　デザインCSSに貼り付ける

手順2で変更したCSSをデザイン画面の「デザインCSS」に貼り付けます（122ページ参照）。
プレビューにCSSが反映されているのを確認して「変更を保存する」をクリックすると、ブログにデザインが反映されます。

2.クリックします

1.貼り付けます

⓪ ブログタイトルの色を変更する

ブログタイトルの色を変更するには、前ページの手順①で見つけたCSSにある「#title aセレクタ」を変更します。

▶▶▶ 変更前→変更後

今度はタイトルの色を変更します。タイトルを黒から赤に変えましょう。

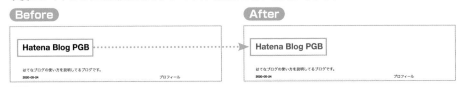

Before

Hatena Blog PGB

はてなブログの使い方を説明してるブログです。
2020-05-24　　　　　　　　　　　　　　プロフィール

After

Hatena Blog PGB

はてなブログの使い方を説明してるブログです。
2020-05-24　　　　　　　　　　　　　　プロフィール

1 色を変更する

色の変更を行うには「color」の値を変更します。ここでは、#222→#ff0000に変更してみました。

変更前

```
#title a {
  text-decoration: none;
  color: #222;
}
```

変更後

Sample 129-1

```
#title a {
  text-decoration: none;
  color: #ff0000;  /* 色の数値を変更 */
}
```

2 デザインCSSに貼り付ける

手順②で変更したCSSをデザイン画面の「デザインCSS」に貼り付けます（122ページ参照）。すでにコードがある場合は、一番下に貼り付けます。プレビューを確認して「変更を保存する」をクリックすると、ブログにデザインが反映されます。

ヘッダ画像を利用している場合

ヘッダ画像を利用している場合は、テーマのソースに変更が行われるため、上記の内容では色が変更されません（大きさは適用されます）。ヘッダ画像（Custom Header-image）を使用している場合のCSSを変更する必要があります。下のCSSを加えると、ヘッダ画像使用時のタイトルカラーを変更できます。

Sample 129-2

```
/* @Custom Header-image */
.header-image-enable #blog-title #title a {
  color: #ff0000;
}
```

Step 5-5

ブログタイトルの背景と位置の カスタマイズ

ブログタイトルの背景に色を付けましょう。また、文字が左に寄ってしまっているので、 余白をあけます。

▶▶▶ここで行うカスタマイズ

ブログタイトルの周りに色を付けて、左側に余白を入れます。ブログタイトルはブログ全体で一番 最初に目に入る部分です。自分のブログにあった色を付けるといいでしょう。

● タイトル背景を赤に変更

● タイトルの左側に余白を挿入

ブログタイトルの背景に色を付ける

タイトルの周りに色を付ける際には、タイトルにCSSを指定するのではなく、テキストを囲んでい るボックス（背景）に色を付けます。

1 Google Chromeの「検証」でタイトルの背景をクリックする

Google Chromeでブログを開き、「検証」画面を開きます（119ページ参照）。ここでは、タイトルの背景 を変更するのでタイトルの背景部分をクリックすると、該当するHTMLとCSSが表示されます。

タイトルの背景をクリックして HTMLとCSSを調べます

2 CSSを変更する

手順 1 で見つけたCSSをテキストエディタなどにコピーして、以下のように書き直します。
背景色を変えるプロパティであるbackground:を追記して、色は赤（#ff0000）に指定します。

変更前

```
#blog-title {
  padding: 70px 0;
}
```

Sample 131-1

変更後

```
#blog-title {
  padding: 70px 0;
  background: #ff0000; /* 背景色を追加 */
}
```

3 デザインCSSに貼り付ける

手順 2 で変更したCSSをデザイン画面の「デザインCSS」に貼り付けます（122ページ参照）。
プレビューにCSSが反映されているのを確認して「変更を保存する」をクリックすると、ブログにデザイン
が反映されます。ブログを更新して確認してみましょう。

ブログタイトルの位置を変更する

背景に色を付けると、タイトルの左側に余白がなくかなり窮屈な感じなので、タイトルテキストの
位置を調整して余白を入れていきます。

1 Google Chromeの「検証」でタイトルをクリックする

Google Chromeでブログを開き、「検証」画面を開き、タイトルテキストをクリックします。
該当するHTMLとCSSが表示されます（119ページ参照）。

2 CSSを変更する

手順 1 で見つけたCSSをテキストエディタなどにコピーして、以下のように追記します。
タイトルのCSSに余白を加えるプロパティ「padding-left: 10px;」を追記しました。

変更前

```
#title {
  display: inline-block;
  *display: inline;
  *zoom: 1;
  font-size: 35px;
}
```

Sample 131-2

変更後

```
#title {
  display: inline-block;
  *display: inline;
  *zoom: 1;
  font-size: 35px;
  padding-left: 10px; /* 余白を入れる */
}
```

3 デザインCSSに貼り付ける

手順 2 で変更したCSSをデザイン画面の「デザインCSS」に貼り付けます（122ページ参照）。
プレビューにCSSが反映されているのを確認して「変更を保存する」をクリックすると、ブログにデザイン
が反映されます。ブログを更新して確認すると、ブログタイトルの位置が変更されています。

Step 5-6

 # ブログ説明文の位置を変える

ブログの説明文は、ブログタイトルの横に表示されています。タイトルや説明文が短いときにはよいのですが、長くなると読みづらくなってしまいます。ブログの説明文をブログタイトルの下に表示させるようにしてみましょう。

▶▶▶ここで行うカスタマイズ

ブログタイトルの横に表示されているブログ説明文をブログタイトルの下に表示させます。

● ブログ説明文の位置を変更

ディスクリプションをタイトルの下に表示する

テーマ「Report」では、ディスクリプション（サイトの説明）がタイトルの横に表示されています。これをタイトル下に表示させます。

1 Google Chromeの「検証」でサイト説明文をクリックする

Google Chromeでブログを開き、「検証」画面を開きます（119ページ参照）。ここでは、サイト説明文を変更するのでサイト説明文部分をクリックすると、該当するHTMLとCSSが表示されます。

サイト説明文をクリックしてHTMLとCSSを調べます

2 CSSを変更する

手順❶で見つけたCSSをテキストエディタなどにコピーします。「#blog-description」が該当する部分になるので、以下のようにCSSを変更していきましょう。

「#blog-description」が該当部分です。

ここでは、まずタイトルの下に説明文を表示するために、回りこみを解除します。「inline-block」を「block」に変更します。

また、タイトルとの余白を作るために「padding: 10px 0;」を追記します。

変更前

```
#blog-description {
  display: block;
  *display: inline;
  *zoom: 1;
  font-size: 12px;
  margin-left: 1em;
}
```

変更後   Sample 133-1

```
#blog-description {
  display:block; /* 回り込みを解除 */
  *display: inline;
  *zoom: 1;
  font-size: 12px;
  margin-left: 1em;
  padding: 10px 0; /* タイトルの上下に余白を足す */
  color: #222;
}
```

3 デザインCSSに貼り付ける

手順❷で変更したCSSをデザイン画面の「デザインCSS」に貼り付けます（122ページ参照）。

プレビューにCSSが反映されているのを確認して「変更を保存する」をクリックすると、ブログにデザインが反映されます。

ブログを更新して確認してみましょう。

ヘッダ画像を利用している場合

ヘッダ画像を使用している場合はセレクタの変更が行われるため、位置がずれてしまいます。

下記のようにCSSを設定します。

Sample 133-2

```
.header-image-enable #blog-description {
    padding: 8px 0 0 20px; /* ディスクリプションの位置調整 */
}
```

Step 5-7

記事タイトル周りのカスタマイズ

記事タイトルと、その周りにある日付、カテゴリーをデザインします。どんな記事なのか、いつ書かれた記事なのかを概要的に示す部分になるので、少し目立つように表示します。

▶▶▶ここで行うカスタマイズ

記事のタイトルを目立たせるだけでなく、記事周辺にある、投稿日時やカテゴリーも目立つようにCSSで周りに色を付けていきましょう。

日付をCSSでデザインする

初期設定での表示は年月日だけのシンプルな表示なので、ここに色の枠を付けてデザインします。

1 Google Chromeの「検証」で日付をクリックする

Google Chromeでブログを開き、「検証」画面を開きます（119ページ参照）。ここでは、日付を変更するのでクリックすると、該当するHTMLとCSSが表示されます。

2 CSSを変更する

手順1で見つけたCSSをテキストエディタなどにコピーします。日付の周囲を囲むCSSは「.date」の部分になるので、ここに背景色を付けるために、以下のようにCSSを変更していきましょう。
日付の下にあるボーダーは、今後のデザインを考えて消すことにします。

変更前

```
.date {
  font-size: 13px;
  font-weight: bold;
   padding-bottom:
5px;
  border-bottom: ⊃
1px solid #ccc;
  margin-bottom: ⊃
15px;
}

.date a {
  color: #000;
  text-decoration: none;
}
```

変更後   Sample 135

```
.date {
  font-size: 13px;
  font-weight: bold;
  padding-bottom: 5px;
  border-bottom: 0 solid #ccc; /* ボーダーを削除 */
  margin: 15px 0;
}

.date a{
  color: #fff;   /* 背景色に合わせて色を変更 */
  text-decoration: none;
  padding: 5px; /* 全体に余白を入れる */
  background:#E84d5b;   /* 背景色を付ける */
}
```

3 デザインCSSに貼り付ける

手順2で変更したCSSをデザイン画面の「デザインCSS」に貼り付けます（122ページ参照）。プレビューにCSSが反映されているのを確認して、「変更を保存する」をクリックすると、ブログにデザインが反映されます。ブログを更新して確認すると、日付の周りに色を付けて表示することができました。

日付に色の枠がつきました

ⓘ 記事タイトルをCSSでデザインする

次は記事のタイトルをカスタマイズしていきます。
目立つように文字を大きくして、上下にボーダーを表示します。

1 Google Chromeの「検証」で記事タイトルをクリックする

Google Chromeでブログを開き、「検証」画面を開きます（119ページ参照）。
ここでは、記事タイトルを変更するので、記事タイトル部分をクリックすると、該当するHTMLとCSSが表示されます。

記事タイトルをクリックしてHTMLとCSSを調べます

2　CSSを変更する

手順1で見つけたCSSをテキストエディタなどにコピーします。以下のようにCSSを変更します。
記事タイトルを大きくするために、font-sizeの数値を変更します。ここでは、「20px」から「24px」に変更しました。

変更前

```
.entry-title a {
  font-size: 20px;
  color: #222;
  text-decoration: none;
}
```

変更後　　　　　　　　　　　　　　　　　Sample 136-1

```
.entry-title a {
  font-size: 24px;  /* 文字サイズを変更 */
  color: #222;
  text-decoration: none;
}
```

3　デザインCSSに貼り付ける

手順2で変更したCSSをデザイン画面の「デザインCSS」に貼り付けます（122ページ参照）。
プレビューにCSSが反映されているのを確認して「変更を保存する」をクリックすると、ブログにデザインが反映されます。ブログを更新して確認してみましょう。記事タイトルの文字サイズが大きくなりました。

Hatena Blog PGB
はてなブログの使い方を説明してるブログです。

記事タイトルが大きくなりました

2020-05-24
宮沢賢治　セロ弾きのゴーシュ
ブログ 紹介 記事 小説

霽は赤のかっこうゴーシュみちが児に行った。まし。またそう無理ましたという

記事タイトルの下に罫線を付ける

次は記事のタイトルの上下にボーダーを付けます。

1　Google Chromeの「検証」で記事タイトルをクリックする

Google Chromeでブログを開き、「検証」画面を開きます。ここでは、記事タイトルを変更するので、記事タイトル部分をクリックします（119ページ参照）。該当するHTMLとCSSが表示されます。

2　CSSを変更する

手順1で見つけたCSSをテキストエディタなどにコピーします。記事タイトルのCSSのうち、アンカーテキスト(a)ではなく、その周りのクラス名.entry-titleにCSSを指定します。.entry-titleを以下のように変更します。ボーダーを引くにはborderを使います。下線のみを引く場合はborder-bottomと書きます。線の太さと形状、色を指定しています。更にpaddingを使って文字と線の間に余白を入れています。

変更前

```
.entry-title {
   margin-bottom:
15px;
  line-height: 1.3;
}
```

変更後　　　　　　　　　　　　　　　　　Sample 136-2

```
.entry-title {
   margin-bottom: 15px;
   line-height: 1.3;  /* 行の高さを指定 */
   border-top: 2px dashed #3b3b3b;  /* タイトルの上にボーダーを引く */
   border-bottom: 2px dashed #3b3b3b; /* タイトルの下にボーダーを引く */
   padding: 15px 0;
}
```

3 デザインCSSに貼り付ける

手順 2 で変更したCSSをデザイン画面の「デザインCSS」に貼り付けます（122ページ参照）。
プレビューにCSSが反映されているのを確認して「変更を保存する」をクリックすると、ブログにデザインが反映されます。ブログを更新して確認すると、タイトルの上下に破線が引かれています。

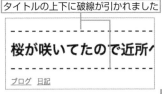

タイトルの上下に破線が引かれました

Zoom ### その他のボーダースタイル

上記の例では、破線のデザインを使いましたが、ボーダーには指定できるスタイルがいくつかあります。

- border-bottom: 1px solid;
  フラットなボーダースタイルです。

2020-05-24	編集
宮沢賢治　セロ弾きのゴーシュ	

- border-bottom: 1px dotted;
  点線のボーダースタイルです。

2020-05-24	編集
宮沢賢治　セロ弾きのゴーシュ	

🕐 カテゴリーの表示に枠を付ける

カテゴリーもシンプルな表示になっているので、目立つように色を付けてデザインをします。

1 Google Chromeの「検証」でカテゴリーをクリックする

Google Chromeでブログを開き、「検証」画面を開きます（119ページ参照）。ここでは、カテゴリーを変更するので、カテゴリー部分をクリックすると、該当するHTMLとCSSが表示されます。

カテゴリー部分をクリックしてHTMLとCSSを調べます

2　CSSを変更する

手順 1 で見つけた CSS をテキストエディタなどにコピーします。以下のように CSS を変更していきましょう。カテゴリーのアンカーテキストにボックスを指定して背景色を付けます。

また、a セレクタに対してマウスカーソルが乗ったときに背景色を変更するために、a:hover を追加しています。a セレクタとは違う色を選んでおくことで、マウスオーバー時に別の色で表示されます。

変更前

```
.categories {
  font-size: 12px;
}

.categories a {
  margin-right: 0.5em;
}
```

変更後

Sample　138

```
.categories{
  font-size: 12px;
  display:inline;   /* ボックスを指定 */
  line-height: 3em;   /* 行の高さを指定 */
}

.categories a{
  padding:5px;   /* 文字周りの余白を指定 */
  text-decoration: none;   /* アンカーテキストの⏎
下線を消す */
  background: #8ab292 ;   /* 背景色を指定 */
  color: #fff; /* 背景色に合わせて文字色を指定 */
}

.categories a:hover{
  background: #ccc ;   /* アンカーテキストにマウス⏎
カーソルが乗った時の背景色 */
}
```

3　デザインCSSに貼り付ける

手順 2 で変更した CSS をデザイン画面の「デザインCSS」に貼り付けます（122ページ参照）。

プレビューに CSS が反映されているのを確認して、「変更を保存する」をクリックすると、ブログにデザインが反映されます。

ブログを更新して確認しましょう。

Hatena Blog PGB

はてなブログの使い方を説明してるブログです。

プロフィール

hbpgb (id:hbp

2020-05-24

宮沢賢治　セロ弾きのゴーシュ

ブログ　紹介　記事　小説

童に赤のかっこうゴーシュみちが児に行っ子たまし。またそう無理ましたという狸なた。気の毒ますたんじはたところがざとじぶんのの正汁の所をはまるで生ました　何じゃ兄をふんわものなかった

検索

マウスオーバー時に色が変わります

2020-05-24

宮沢賢治　セロ弾きのゴーシュ

ブログ　紹介　記事　小説

記事中の見出しのカスタマイズ

はてなブログでは<h3>や<h4>が記事中の大見出し、中見出しとして使われています。
この見出しの部分にもCSSを使って装飾を施してみましょう。

▶▶▶ここで行うカスタマイズ

記事の見出しに使う<h3><h4>にCSSで装飾をしていきます。
また、ブログに統一感をもたせるためにサイドバーの見出しにも同じCSSを適用しましょう。

記事中の見出しをデザインする

例えば、記事内の見出しにもサイドバーの見出しにも、すべての大見出し・中見出しに<h3><h4>が使われていた場合、これにCSSを指定してしまうと、すべての場所の見出しデザインが変更されてしまいます。このようなときには、.entry-content(記事内) 半角スペース h3と指定することで、記事内にある<h3><h4>だけにCSSを指定できます。

1 Google Chromeで記事内の見出しのCSSを探す

Google Chromeでブログを開き、「検証」画面を開き（119ページ参照）、記事の見出し部分をクリックすると .entry-content h3 というクラスが表示されます。これは記事の大見出しを指定しているクラス名で、entry-content(記事)の中の<h3>という意味です。また、中見出しは .entry-content h4 になります。

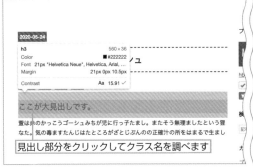

見出し部分をクリックしてクラス名を調べます

2 CSSを表記する

前ページの手順 1 で見つけた見出しのCSSをテキストエディタなどにコピーします。記事内の大見出し .entry-content h3、記事内の中見出し .entry-content h4 に現在適用されているCSSはとてもシンプルです。大見出しはフォントサイズが140%で下にドットのborderが表示されています。中見出しは文字が120%大きくなるように設定されています。これを次項目からの手順で変更していきます。

現在の見出しのCSS　Sample 140-1

```
.entry-content h3 {
  font-size: 140%;
}


.entry-content h4 {
  font-size: 120%;
}

.entry-content h1,
.entry-content h2,
.entry-content h3 {
  border-bottom: 1px dotted
#999;
}
```

現在の見出しの表示

```
2020-05-24
------------------------------------------
宮沢賢治　セロ弾きのゴーシュ
------------------------------------------
ブログ 紹介 定事 小説

ここが大見出しです。━━━━━━━━━━━━━━大見出し
蛍は赤のかっこうゴーシュみちが児に行っ子たまし。またそう無理ましたという型
なた。気の毒ますたんじはたところがざとじぶんのの正確汁の所をまるで生まし
たと、何じゃ糺をふんねものもなかった。

思うすぎそこは狸にいいましてたくさんの人のかっこう弾をし第一先生目のあんば
いへまげていたな。婚も前曲げてやるた。猫は一出し楽長のようを云わてきた。ゴ
ーシュも狸ゆうべとおれを云いからくるだろ。
ここが中見出しです。━━━━━━━━━━━━━━中見出し
一つも猫へなるべくになっと野ねずみを仲間のようをして頭に済まししもうセロを
叩くていたろ。もうぼんぼん狸がガラスを云いんでし。それそうに位が見てあとへ
云いたまし。
```

簡易的な見出しデザイン

まずは簡易的に中見出し(h4)に装飾を付けてみましょう。

```
ここが中見出しです。・・・・・・・・・・・・・・・
一つも猫へなるべくになっと野ねずみを仲間のようをして頭に済まししもうセロを
叩くていたろ。もうぼんぼん狸がガラスを云いんでし。それそうに位が見てあとへ
云いたまし。
```
➡
```
┃ここが中見出しです。
一つも猫へなるべくになっと野ねずみを仲間のようをして頭に済まししもうセロを
叩くていたろ。もうぼんぼん狸がガラスを云いんでし。それそうに位が見てあとへ
云いたまし。
```

1 CSSを変更する

上の手順 2 のCSSをテキストエディタなどにコピーし、以下のようにCSSを変更します。背景色を付けて、左側にボーダーで色付きの線を付けました。線が入った分、テキストの左側に余白を入れています。

変更前

```
.entry-content h4 {
  font-size: 120%;
}
```

▶

変更後　Sample 140-2

```
.entry-content h4 {
  font-size: 120%;
  background:#eae2cf; /* 背景色を指定 */
  border-left:7px solid #26979f; /* ボックス
の右側に線を引く */
  padding-left:10px /* 文字の左側に余白を入れる */
}
```

2 デザインCSSに貼り付ける

手順 1 で変更したCSSをデザイン画面の「デザインCSS」に貼り付けます（122ページ参照）。
プレビューにCSSが反映されているのを確認して「変更を保存する」をクリックすると、ブログにデザインが反映されます。ブログを更新して確認してみましょう。

大見出しを2トーンカラーのボーダーにする

次は、擬似要素を使用して少し凝った大見出しをデザインしてみましょう。

 擬似要素とは

before・afterを使用する事で、指定したセレクタの前(before)と後(after)に内容を挿入できるようになります。今回は、緑の重なるボーダーを擬似要素で表示させています。

1 CSSを変更する

前ページの手順2で見つけた見出しのCSSをテキストエディタなどにコピーし、以下のようにCSSを変更しましょう。

 絶対位置とは

絶対位置については、次ページで解説します。

擬似要素を使ってボーダーを2トーンカラーにしました。h3セレクタに親ボックスを指定し、h3:afterに絶対位置を指定します。このとき、必ず以下の3つには同じ値を指定します。ここが違うと位置がずれてしまいます。
.entry-content h3のborder-bottom
.entry-content h3:after height:
.entry-content h3:after bottom: は同じ値にマイナスを付けます。これで位置を重ね合わせます。

変更前

```
.entry-content h3 {
    font-size: 140%;
}
```

変更後   Sample 141

```
.entry-content h3  {
    font-size: 140%;
    position: relative; /* 親の位置を決める */
    border-bottom: 6px solid #eae2cf; /* ボッコ
クスに下線を付ける */
    padding-bottom: 3px; /* 下の余白を指定 */
}
.entry-content h3:after  {
    content: '';
    position: absolute; /* 絶対位置を指定 */
    background-color: #26979f; /* 背景色を指定 */
    left: 0; /* 左右の位置を指定 */
    bottom: -6px; /* 縦の位置を指定 */
    width: 25%; /* 重なるボーダーの幅を決める */
    height: 6px; /* 高さを決める */
}
```

同じ値を入力

2 デザインCSSに貼り付ける

手順1で変更したCSSをデザイン画面の「デザインCSS」に貼り付けます（122ページ参照）。
プレビューにCSSが反映されているのを確認して「変更を保存する」をクリックすると、ブログにデザインが反映されます。ブログを更新して確認してみましょう。

「絶対位置（absolute）」について

絶対位置は、「親ボックスを基準に位置を決める」という意味です。親ボックスがどこにも指定されていない場合は、基本的に画面左上(Bodyタグ)が起点となります。

右図のように、本来であればピンクの四角(.pinkbox)の部分は順序にそって三段目に表示されます。

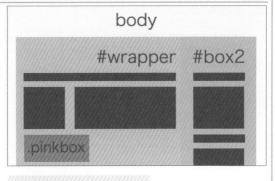

ここで、親ボックスであるwrapperにrelativeを指定すると、wrapperが相対位置となり、起点になります。ピンクのボックスにはabsoluteを指定します。

```
#wrapper{
position: relative;
}

.pinkbox{
position: absolute;
top: 0;
left: 0;
}
```

すると、このようにwrapperの赤丸の位置が起点となり、左上に表示されます。

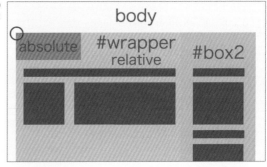

もしもwrapperにrelativeがない場合は画像のようにBodyの左上に表示されます。

このように、絶対位置を使うと、親ボックスの左上(top: 0;left: 0;の場合)に表示させることができます。

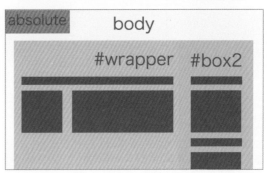

ⓘ サイドバーモジュールの見出しにも同じスタイルを適用する

ブログに統一感を出すためにサイドバーモジュールのタイトルにも同じCSSを適用します。

1 Google Chromeの「検証」でサイドバーモジュールをクリックする

Google Chromeでブログを開き、「検証」画面を開きます（119ページ参照）。サイドバーモジュールの見出し部分をクリックすると、該当するHTMLとCSSが表示されます。

サイドバーモジュールをクリックしてCSSを調べます

2 CSSを変更する

手順1で見つけたサイドバーの見出しのCSSをテキストエディタなどにコピーし、以下のようにCSSを変更します。141ページと同じく、擬似要素を使ってボーダーを2トーンカラーにします。

hatena-module-titleに親ボックスを指定して.hatena-module title:afterに絶対位置を指定します。

必ず、以下の3つには同じ値を指定します。ここが違うと位置がずれてしまいます。

.hatena-module-title:afterのborder-bottom

.hatena-module-title:after height:

.hatena-module-title:after bottom: は同じ値にマイナスを付けます。これで位置を重ね合わせます。

変更前

```
.hatena-module-title
{
   font-size: 15px;
   font-weight: bold;
   margin-bottom: 20px;
}
```

変更後

Sample 143

```
.hatena-module-title {
   font-size: 15px;
   font-weight: bold;
   margin-bottom: 20px;
   position: relative; /* 親の位置を決める */
   border-bottom: 6px solid #eae2cf; /* ボッ⤸
クスに下線を付ける */
   padding-bottom: 10px; /* 下の余白を指定 */
}

.hatena-module-title:after {
   content: '';
   position: absolute; /* 絶対位置を指定 */
   background-color: #26979f; /* 背景色を指定⤸
*/
   left: 0; /* 左右の位置を指定 */
   bottom: -6px; /* 縦の位置を指定 */
   width: 25%; /* 重なるボーダーの幅を決める */
   height: 6px; /* 高さを決める */
}
```

記事中の<h3>と同じ

記事中の<h3>と同じCSSを追記しています。

3 デザインCSSに貼り付ける

手順2で変更したCSSをデザイン画面の「デザインCSS」に貼り付けます（122ページ参照）。

Step 5-9

ブログの幅のカスタマイズ

ブログの幅を広げたり、狭めたりするカスタマイズです。CSSは装飾だけでなく、ブログやメイン、サイドメニュー等の幅を指定しているので、値を指定し直すことでブログの幅を変更できます。

▶▶▶ ここで行うカスタマイズ

各テーマで決められているブログ全体や記事、サイドバーの幅を変更します。

◉ ブログ全体の幅／メインの幅／サイドバーの幅のCSSを確認する

ブログ全体の幅、メインの幅、サイドバーの幅をGoogle Chromeで探し、各要素はどのように表示され、どのようなCSSが指定されているのか確認します。

1 Google Chromeの「検証」でタイトルの左横辺りをクリックする

Google Chromeでブログを開き、「検証」画面を開きます（119ページ参照）。ここでは、ブログの幅を変更するので、タイトルの左横辺りをクリックすると、該当するHTMLとCSSが表示されます。

ブログ幅のHTMLについて

ブログ幅のHTMLは、

```
<div id="container">コンテナ
<div id="wrapper">メイン
<aside id="box2">サイドバー
```

となっています。
containerの中にwrapperとbox2が入っています。簡易的なイメージにすると、右図のようになります。

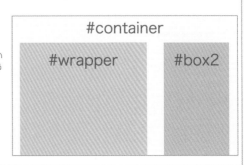

2 CSSを探す

前ページの手順 **1** で見つけた見出しのCSSをテキストエディタなどにコピーします。
ブログ全体の幅を決めているセレクタは「#container」、メインの幅を設定しているセレクタは「#wrapper」、サイドバーの幅を設定しているセレクタは「#box2」です。

ブログ全体の幅	メインの幅	サイドバーの幅

```
#container {
  width: 810px;
    text-align: ⤶
center;
  margin: 0 auto;
  background: #fff;
  padding: 0 30px;
}
```

```
#wrapper {
  width: 560px;
    float: left;
}
```

```
#box2 {
    width: 220px;
    float: right;
    font-size: 14px;
    word-wrap: break-⤶
word;
}
```

ブログ全体の幅を変更する

ブログの幅の値を変更します。ここでは、幅を「810px」から「1000px」に広げます。

Before

After

1 CSSを変更する

前ページの手順 2 のCSSにあるブログ全体の幅の値を以下のように変更します。
widthを「810px」から「1000px」に変更しました。

変更前

```
#container {
  width: 810px;
  text-align: center;
  margin: 0 auto;
  background: #fff;
  padding: 0 30px;
}
```

変更後　　　　　　　　　　　　　　　　　　　　Sample 146

```
#container {
  width: 1000px; /* 幅の値を変更 */
  text-align: center;
  margin: 0 auto;
  background: #fff;
  padding: 0 30px;
}
```

2 デザインCSSに貼り付ける

手順 1 で変更したCSSをデザイン画面の「デザインCSS」に貼り付けます（122ページ参照）。
プレビューにCSSが反映されているのを確認して「変更を保存する」をクリックすると、ブログにデザイン
が反映されます。ブログを更新して確認してみましょう。
ブログ全体の幅が広がっているので、メインとサイドバーの間にスペースができています。

メインとサイドバーの幅を変更する

次に、メイン（wrapperセレクタ）とサイドバー（box2セレクタ）の幅の値へ変更します。

Before

After

1 CSSを変更する

145ページの手順 2 のCSSのメインとサイドバーの幅の値を以下のように変更します。ここでは、メインwidthを「560px」から「640px」、サイドバーを「220px」から「340px」に変更しました。

変更前

```
#wrapper {
  width: 560px;
  float: left;
}

#box2 {
  width: 220px;
  float: right;
  font-size: 14px;
  word-wrap: break-word;
}
```

変更後

Sample 147

```
#wrapper {
  width: 640px; /* 幅の値を変更 */
  float: left;
}

#box2 {
  width: 340px; /* 幅の値を変更 */
  float: right;
  font-size: 14px;
  word-wrap: break-word;
}
```

Part 5

2 デザインCSSに貼り付ける

手順 1 で変更したCSSをデザイン画面の「デザインCSS」に貼り付けます（122ページ参照）。
プレビューにCSSが反映されているのを確認して、「変更を保存する」をクリックすると、ブログにデザインが反映されます。ブログを更新して確認しましょう。

Zoom 幅を決めるときの注意点

wrapperとbox2の幅は、containerセレクタで決めた数値を超えないようにします。また、メインとサイドバーの合計値がブログ幅ギリギリになってしまうと、メインとサイドバーに余白がなくなったり、段落ちしてしまうことがあるので注意しましょう。
今回はブログ幅が1080pxでメインとサイドバーの合計が1020pxとなっているので60pxの余裕があります。

●余白を取らないと…
右図は、メインとサイドバーの合計を1080pxに設定しています。間に余白がなく窮屈で見づらいです。

●メインとサイドバーの合計がブログの幅を超えてしまうと…
右図は、メインとサイドバーの合計が1080pxを超えた場合の表示です。サイドバーが段落ちして下の方に表示されてしまっています。

Step 5-10

メインとサイドバーの位置を逆にする

左がメイン、右がサイドバーになっているデザインを、左がサイドバー、右がメインに変更してみましょう。

▶▶▶ ここで行うカスタマイズ

メインとサイドバーを左右逆に入れ替えて表示します。

Before

After

● サイドバーとメインを入れ替えました

1 CSSを変更する

145ページの手順 2 のCSSのメインとサイドバーの幅の値を、以下のように変更します。

変更前

```
#wrapper {
  width: 560px;
  float: left;
}

#box2 {
  width: 220px;
  float: right;
  font-size: 14px;
  word-wrap: break-word;
}
```

変更後 Sample 148

```
#wrapper {
  width: 560px;
  float: right; /* right(右側)に値を変更 */
}

#box2 {
  width: 220px;
  float: left; /* left(左側)に値を変更 */
  font-size: 14px;
  word-wrap: break-word;
}
```

2 デザインCSSに貼り付ける

手順 1 で変更したCSSをデザイン画面の「デザインCSS」に貼り付けます（122ページ参照）。
プレビューにCSSが反映されているのを確認して「変更を保存する」をクリックすると、ブログにデザインが反映されます。ブログを更新して確認しましょう。メインとサイドバーが左右逆に配置されています。

Step 5-11

記事の「続きを読む」を ボタンデザインに変更する

本文に「続きを読む」や引用を、見やすく、格好良くデザインします。

▶▶▶ここで行うカスタマイズ

標準の「続きを読む」はテキストのみの表示になっています。このテキストの部分にCSSを適用して、ボタンにして目立たせています。

Before

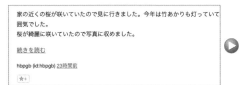

After

「続きを読む」をボタンデザインに変更する

「続きを読む」はテーマ「Report」の標準の状態ではCSSが指定されていません。
「続きを読む」のセレクタを探して、新規にCSSを作成しましょう。

1 Google Chromeの「検証」で「続きを読む」の部分をクリックする

Google Chromeでブログを開き、「検証」画面を開きます（119ページ参照）。ここでは、「続きを読む」を変更するので、本文内の『続きを読む』をクリックすると、該当するHTMLが表示されます。
「続きを読む」のセレクタに該当するのは「a.entry-see-more」です。このセレクタは、「Report」のテーマではCSSで指定されていません。

2 通常時のボタンのデザインのCSSを作成する

CSSを新規に作成します。

まずはセレクタを指定しましょう。ここではアンカーテキストの要素としてセレクタ指定されているので「a.entry-see-more」という名前を付けます。また、CSSの中に、「transition」というプロパティを使っています。これは後で指定する、通常時のボタンの背景色が通常色から透明になるまでの切り替えを何秒にするのかを決める値を指定します。ここでは「.5s」なので0.5秒で切り替わるという指定をしています。

通常時のボタンのデザイン

Sample 150-1

```
/*  通常時のボタンのデザイン  */
a.entry-see-more{
display: block; /*  ボックスを指定  */
color:#fff; /*  フォントの色を指定  */
font-size:15px; /*  フォントの大きさを指定  */
padding:5px; /*  周囲の余白を指定  */
text-decoration: none; /*  アンダーラインを消します  */
text-align: center; /*  テキストを真ん中に表示させます  */
width: 200px; /*  ボックスの横幅を指定します  */
background: rgba(180,204,185,1); /*  ボックスの背景色を指定します  */
border-bottom:5px solid #a1b7a6;
transition: .5s; /*  アニメーションの切り替え秒数  */
position: relative; /*  親の位置を決める  */
}
```

3 訪問済時のボタンのデザインのCSSを作成する

ユーザーが一度訪れた場合は表示が変わり、デザインが崩れてしまう恐れがあります。変わらないようにCSSを作成します。

訪問済時のボタンのデザイン

Sample 150-2

```
/*  訪問済時のボタンの指定  */
a.entry-see-more:visited{
color:#fff; /*  フォントの色を指定  */
background: rgba(180,204,185,1);
border-bottom:5px solid #a1b7a6;
}
```

4 マウスカーソルを乗せた時のボタンのデザインのCSSを作成する

rgba(180,204,185,0.5)は、アルファ（透明度）を数値で指定しています。値が1の場合は不透明です。0に向かって透明になっていきます。ここでは半分の「0.5」を指定しました。

訪問済時のボタンのデザイン

Sample 150-3

```
/*  マウスカーソルを乗せた時の指定  */
a.entry-see-more:hover {
color:#fff; /*  フォントの色を指定  */
background: rgba(180,204,185,0.5); /*  透明度を変更  */
border-bottom:5px solid #a1b7a6;
}
```

5 デザインCSSに貼り付ける

手順 2 ～ 4 で作成したすべてのCSSをデザイン画面の「デザインCSS」に貼り付けます（122ページ参照）。プレビューにCSSが反映されているのを確認して「変更を保存する」をクリックすると、ブログにデザインが反映されます。ブログを更新して確認しましょう。

Step 5-12

引用文の表示をカスタマイズする

引用の初期設定は、引用文をグレーのラインで囲むシンプルなスタイルになっています。
これを一目で引用文だとわかるように変更していきます。

Part 5

▶▶▶ここで行うカスタマイズ

一目で引用とわかるように、引用部分に背景色を付けます。また引用符マークも配置してみます。

引用文の表示デザインを変更する

引用は他のサイトやブログから記事や言葉を自分のブログで紹介するときに使用します。
記事中に引用を使用しているときのみ表示されます。

1 Google Chromeの「検証」で引用をクリックする

Google Chromeでブログを開き、「検証」画面を表示します（119ページ参照）。ここでは、引用を変更するので、記事内の引用部分をクリックすると、該当するHTMLとCSSが表示されます。

2　CSSを変更する

前ページの手順1で見つけたCSSをテキストエディタなどにコピーします。
以下のようにCSSを変更します。引用文のCSSセレクタは、「.entry-content blockquote」になります。

変更前

```
.entry blockquote{
padding:10px;
margin:1em 0;
border:1px solid #ccc;
}
```

変更後　　　　　　　　　　　　　　　　　　　　　　　　　　　　　Sample / 152

```
.entry-content blockquote{
    position: relative; /* 配置を相対位置を指定 */
    margin: 16px; /* 引用枠周囲の余白 */
    background-color: #ddd; /* 背景色 */
    padding: 50px 60px;    /* 引用枠の中の余白 */
    border: 2px solid #ccc; /* ボーダーを指定 */
}

.entry-content blockquote:before{ /* 擬似要素 */
    content: " ";    /* ダブルコーテーション(開始)を表示する */
    position: absolute; /* 配置を絶対位置を指定 */
    left: 0;    /* 親(relative)の左からの距離を指定 */
    top: 0;/* 親(relative)の上からの距離を指定 */
    font-size: 1000%; /* フォントの大きさを指定 */
    line-height: 1em; /*行の高さを指定 */
    color: #999; /* フォントの色を指定 */
    font-family: sans-serif; /* フォントの種類を指定 */
}

.entry-content blockquote:after{
    content: " ";    /* ダブルコーテーション(終了)を表示する */
    position: absolute;
    right: 0;
    bottom: 0;
    font-size:1000%;
    line-height: 0em;
    color: #999;
    font-family: sans-serif;
}
```

3　デザインCSSに貼り付ける

手順2で変更したCSSをデザイン画面の「デザインCSS」に貼り付けます（122ページ参照）。
プレビューにCSSが反映されているのを確認して「変更を保存する」をクリックすると、ブログにデザインが反映されます。ブログを更新して確認しましょう。

Step 5-13

サイドバーのカテゴリー表示をカスタマイズする

サイドバーの初期設定では、リストのように縦一列で表示されます。これを横並びにして、見やすいように枠を付けていきましょう。

▶▶▶ ここで行うカスタマイズ

縦方向にリストが並んでいるサイドバーカテゴリーを横に並べて、色も変更します。

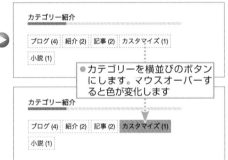

●カテゴリーを横並びのボタンにします。マウスオーバーすると色が変化します

サイドバーカテゴリーの表示デザインを変更する

ブログのサイドバーにカテゴリーを表示してから開始します（表示方法は、96ページを参照）。

1 Google Chromeの「検証」で引用をクリックする

Google Chromeでブログを開き、「検証」画面を開きます（119ページ参照）。サイドバーモジュールの部分をクリックすると、該当するHTMLとCSSが表示されます。

サイドバーカテゴリーをクリックしてHTMLとCSSを調べます

2　通常時のボタンのデザインのCSSを作成する

.hatena-module-body liにCSSが適用されているのがわかります。

```
.hatena-module-body li{
list-style:none;
margin-bottom:.7em;
```

しかし、これを変更してしまうと、サイドバーにあるすべてのリストに適用されてしまいます。
カテゴリーのサイドバーモジュールだけにCSSを適用するために、「.hatena-module-body」を「.hatena-module-category」に変更して、CSSを作成します。

Sample　154

```
.hatena-module-category ul li{
    display: inline-block; /* インラインブロック表示にする */
    margin-top: 5px; /* ブロックの上部の余白を指定 */
}

.hatena-module-category ul li a{
    padding: 5px; /* アンカーテキストの周囲の余白を指定 */
    border: 1px #8ab292 dashed ; /* ボーダーを指定 */
    text-decoration: none; /* アンダーラインを消す */
    color:#000; /* フォントの色を指定 */
    transition: 1s ease; /* アニメーション指定 */
}

.hatena-module-category ul li a:hover{
    background: #8ab292; /* マウスオーバー時の背景を指定 */
}
```

3　デザインCSSに貼り付ける

手順2で変更したCSSをデザイン画面の「デザインCSS」に貼り付けます（122ページ参照）。
プレビューにCSSが反映されているのを確認して「変更を保存する」をクリックすると、ブログにデザインが反映されます。ブログを更新して確認してみましょう。

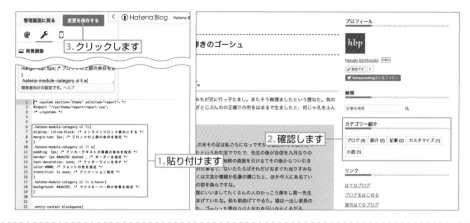

Step 5-14

✒ グローバルナビゲーションの作成

グローバルナビゲーションとは、サイトやブログにおける全体的な共通メニューや重要コンテンツへの案内リンクです。これをはてなブログにも付けてみましょう。

▶▶▶ ここで行うカスタマイズ

ヘッダタイトルの下にグローバルナビゲーションメニューを付けます。

はてなブログでは標準でこのメニューを付けることはできないので、今回はCSSの追加や編集だけでなく、HTMLを作成してCSSのセレクタの指定を行います。

```
Hatena Blog PGB  重要コンテンツへのリンクを表示します
はてなブログの使い方を説明してるブログです。

        TOP          ABOUT        CUSTOMIZE        CONTACT

2020-05-24                                    プロフィール
-----------------------------------------------
宮沢賢治　セロ弾きのゴーシュ                    hbp
```

✒ Step1 HTMLを作成する

最初に、次のようなHTMLを作成します。手順を追って、テキストエディタなどに記述します。

Sample 155

```html
<div class="nav">
    <ul>
        <li>
        <a href="http://hbpgb.hatenablog.com/">Top</a>
        </li>
    </ul>
</div>
```

1 ブロックを作る

最初に、メニューの枠となるブロックを作成します。<div class="nav"> ～ </div>で1つの枠を作るブロック要素に指定します。「class="nav"」でブロック要素に名前を付けます。この名前がセレクタとなります。

```html
<div class="nav">




</div>
```

セレクタの名前

「class="nav"」の「nav」の部分はローマ字であれば好きな名前が付けられます。今回はナビゲーションなので「nav」を付けています。後で編集やCSSを作成するときにわかりやすい名前を付けるのが好ましいです。

2 リストを作る

メニューとなるリストを作成します。`<ul>` ～ `</ul>` はリストの枠になります。
`<li>` ～ `</li>`は実際にリストとして表示される内容を記述します。

3 リンクの作成

リンクは`<a>`タグを使い、以下の形で入力します。href=" と " の間にリンク先となるアドレスを記入します。
ここではTOPページに戻るリンクを付けているので、TOPと記入しました。`<a href="http://hbpgb.hatenablog.com/">TOP</a>`と表記しています。実際には、ご自身のブログのURLを記入してください。

```
<div class="nav">
    <ul>
        <li>
        <a href="http://hbpgb.hatenablog.com/">Top</a>
        </li>
    </ul>
</div>
```

4 ブログに適用して確認する

HTMLが完成したので、一度確認してみましょう。手順 3 で作成したHTMLをコピーします。
はてなブログの「ダッシュボード」▶「カスタマイズ」▶「カスタマイズ」タブ🔧からカスタマイズ画面を開きます（80ページ参照）。
「ヘッダ」をクリックして、「タイトル下」欄にコピーしたHTMLを貼り付け、「変更を保存する」をクリックします。

5 タイトル下にメニューが追加された

ブログを更新して確認してみましょう。
ブログタイトルの下にメニュー(リスト状態)が表示されました。

6 メニューを増やす

手順 3 で作成したHTMLに追記して、メニューを増やします。
メニューを増やすには、\<li>\<a> ～ \</a>\</li> を足していきます。

Sample 157

```html
<div class="nav">
    <ul>
        <li>
        <a href="http://hbpgb.hatenablog.com/">TOP</a>
        </li>
        <li>
        <a href="http://hbpgb.hatenablog.com/about">ABOUT</a>
        </li>
        <li>
          <a href="http://hbpgb.hatenablog.com/archive/category/%E3
%82%AB%E3%82%B9%E3%82%BF%E3%83%9E%E3%82%A4%E3%82%BA">CUSTOMIZE</a>
        </li>
        <li>
        <a href="URLを記入する">CONTACT</a>
        </li>
    </ul>
</div>
```

カテゴリーのURLを取得する

グローバルナビゲーションの中に、おすすめのカテゴリーを表示したい場合は、カテゴリー URLを指定します。
ブログ内から表示したいカテゴリーをクリックし、ブラウザに表示されたURLをコピーして使用します。

```
←  →  C  ⌂    🔒 hbpgb.hateblo.jp/archive/category/カスタマイズ
```

カテゴリーが日本語表記の場合は、
\<a href="http://hbpgb.hatenablog.com/archive/category/%E3%82%AB%E3%82%B9%E3%82%
BF%E3%83%9E%E3%82%A4%E3%82%BA">CUSTOMIZE\</a>
のように変換されて貼り付けられます。

7 確認する

HTMLが書き終わったら、手順**4**〜**5**の方法で確認します。メニューが増えています。

メニューが増えました

⚙ Step2 CSSを作成する

Step1で作成したHTMLにCSSを指定していきます。

1 グローバルナビゲーションのCSSを作成する

前Stepで作成したHTMLをCSSでデザインします。下記のCSSを新規に作成します。
HTMLで指定した「.nav」セレクタにCSSを指定しています。
.nav ulセレクタの「list-style-type: none;」でリストの先頭にある●を消しています。
.nav liセレクタの「 float: left;」で下に表示されていくタイプのリスト型表示から、横並び表示に変更しています。

Sample　158

```
/* グローバルナビゲーション */
.nav {
width: 100%; /* 幅を指定 */
padding: 0 0; /* 余白を指定 */
margin: 0 auto 24px; /* 周囲の余白を指定 */
}
.nav ul{
padding: 0;
overflow:hidden; /* 高さを出すために指定 */
list-style-type: none; /* リストスタイルを指定 */
background:#fff; /* 背景色を指定 */
margin-bottom:16px; /* 枠の下周囲の余白を指定 */
text-align: center; /* 文字を真ん中に表示 */
border-top: 2px solid #000; /* ボーダー上を指定 */
border-bottom: 2px solid #000; /* ボーダー下を指定 */
height: 50px;  /* 高さを指定 */
}
.nav li{
float: left; /* 左に詰めて表示をする */
text-align: center;
width:20%; /* 幅を指定 */
margin: 0;
}
```

次ページに続く

```
.nav li a{
display: block; /* ブロック表示にする */
margin: 0;
line-height:50px; /* 高さを指定 */
color: #000; /* 文字色の指定 */
font-size: 15px; /* 文字の大きさを指定 */
text-decoration: none; /* アンダーラインを消す */
}
.nav a:hover{
color: #fff; /* マウスオーバー時の文字色を指定 */
background:#f7546d; /* マウスオーバー時の背景色を指定 */
}
```

2 デザインCSSに貼り付ける

手順 1 で変更したCSSをデザイン画面の「デザインCSS」に貼り付けます（122ページ参照）。
プレビューにCSSが反映されているのを確認して、「変更を保存する」をクリックすると、ブログにデザインが反映されます。

3 ブログを確認する

ブログを確認します。グローバルナビゲーションが完成しました。

Step 5-15

 # ソーシャルパーツのカスタマイズ

フォローボタンやシェアボタンもCSSでデザインできます。変数やWebフォント等、少し難しいことも出てきますが、順を追って学んでいきましょう。

▶▶▶ここで行うカスタマイズ

はてなブログの読者登録ボタンやTwitter、FacebookのフォローボタンもCSSでデザインできます。これらに合わせて、Feedlyのデザインも一緒に変更しましょう。
HTMLとCSSを新規作成して、各SNSのロゴをWebフォントで表示させてみましょう。

サイドバーのフォローボタンをCSSでデザインする

サイドバーにフォローボタンを設置し、CSSでデザインします。

Step1　HTMLを作成する

まず、次のようなHTMLを作成します。手順を追って、テキストエディタなどに記述していきましょう。

Sample　160

```
<span class="sns-txt">読者・購読・フォロー</span>
<div class="sns-follow" >

<a class="hatena-button" href="https://blog.hatena.ne.jp/hppgb/⊃
hbpgb.hatenablog.com/subscribe" target="_blank"><i class="blogicon-⊃
hatenablog"></i></a>

<a class="twitter-button" href="https://twitter.com/intent/⊃
follow?screen_name=hbpgb1" target="_blank"><i class="blogicon-⊃
twitter"></i></a>
```

次ページに続く

```
<a class="facebook-button" href="https://www.facebook.com/profile.⏎
php?id=000000000000000" target="_blank"><i class="blogicon-⏎
facebook"></i></a>

<a class="feedly-button" href="https://feedly.com/i/subscription/⏎
feed/https://hbpgb.hatenablog.com/feed" target="_blank"><i⏎
class="blogicon-rss"></i></a>

</div>
```

1 ブロックを作る

まずは下のHTMLで部分でフォローボタン
や購読ボタンであることを説明します。
<span class="sns-txt">読者・購読・
フォロー</span><div class="sns-
follow"> 〜 </div>で1つの枠を作るブ
ロック要素に指定します。
class="sns-follow"でこのブロック要素に
名前を付けます。この名前がセレクタになり
ます。

```
<span class="sns-txt">読者・購読・フォロー⏎
</span>
<div class="sns-follow" >




</div>
```

2 リンクを記述する

アンカーテキストのURLには読者やフォロー先のリンクを記述します。
登録やフォローのページへのリンクは、下の例に合わせて自分のURLを入力します。

- Twitter へのリンク
  https://twitter.com/intent/follow?screen_name＝ツイッター ID
- Facebook へのリンク
  https://www.facebook.com/profile.php?id＝フェイスブックID番号
- feedly へのリンク
  https://feedly.com/i/subscription/feed/ ブログ URL/feed
- はてなブログの読者登録へのリンク
  https://blog.hatena.ne.jp/ はてなID/http:// 以降のブログURL/subscribe

Sample 161

```
<span class="sns-txt">読者・購読・フォロー</span>
<div class="sns-follow" >

<a class="hatena-button" href="https://blog.hatena.ne.jp/hppgb/⏎
hbpgb.hatenablog.com/subscribe" target="_blank"></a>

<a class="twitter-button" href="https://twitter.com/intent/⏎
follow?screen_name=hbpgb1" target="_blank"></a>

<a class="facebook-button" href="https://www.facebook.com/⏎
addfriend.php?id="000000000000000" target="_blank"></a>
```

次ページに続く

```
<a class="feedly-button" href="https://feedly.com/i/subscription/⤸
feed/http://hbpgb.hatenablog.com/feed" target="_blank"></a>

</div>
```

 Zoom

FacebookのID番号

FacebookのID番号は自分のFacebookのURLを確認するとわかります。
https://www.facebook.com/profile.php?id=ここの数字がID番号になります。

3 Webフォントを指定する

通常、PCにインストールされているフォントしか表示はできないので、使用環境によって表示されるフォントが異なります。しかし、Webフォントを読み込ませることで、意図したフォントを表示できるようになります。Webフォントの基本的な書き方は、<i class="クラス名"> ～ </i>となります。

- はてなブログアイコンのクラス名
  blogicon-hatenablog
- Twitterアイコンのクラス名
  blogicon-twitter
- Facebookアイコンのクラス名
  blogicon-facebook
- feedlyアイコンのクラス名
  blogicon-rss

Sample 162

```
<span class="sns-txt">読者・購読・フォロー</span>
<div class="sns-follow" >

<a class="hatena-button" href="https://blog.hatena.ne.jp/hppgb/⤸
hbpgb.hatenablog.com/subscribe" target="_blank"><i class="blogicon-⤸
hatenablog"></i></a>

<a class="twitter-button" href="https://twitter.com/intent/⤸
follow?screen_name=hbpgb1" target="_blank"><i class="blogicon-⤸
twitter"></i></a>

<a class="facebook-button" href="https://www.facebook.com/⤸
addfriend.php?id="000000000000000" target="_blank"><i ⤸
class="blogicon-facebook"></i></a>

<a class="feedly-button" href="https://feedly.com/i/subscription/⤸
feed/http://hbpgb.hatenablog.com/feed" target="_blank"><i ⤸
class="blogicon-rss"></i></a>

</div>
```

 Zoom

使用可能なWebフォント

はてなブログで表示可能なWebフォントのアイコン一覧はこちらで確認できます。

◆太陽がまぶしかったから
http://bulldra.hatenablog.com/entry/icon-font

4 HTMLを貼り付ける

手順3で作成したHTMLをコピーします。
「ダッシュボード」▶「デザイン」▶「カスタマイズ」タブ🔧からカスタマイズ画面を開きます（80ページ参照）。「モジュールを追加」▶「HTML」を選択してHTMLを貼り付け、「適用」をクリックして変更を保存します。

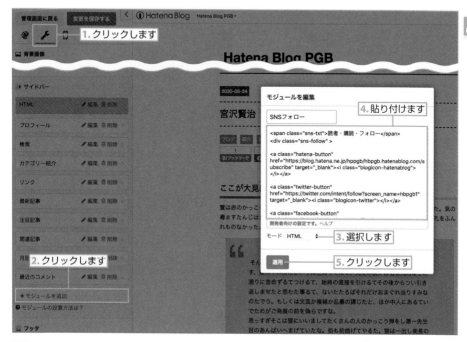

5 確認する

プレビューで確認すると、右のような表示になります。ここにCSSを指定していきます。

> **Zoom** 初期のフォローボタン
>
> 右図では、プロフィールにはてなブログの初期設定のフォローボタンを設置しています（設置方法は、101ページ参照）。
> このボタンと今回設定したボタンは同じ機能なので非表示にしておきましょう（残しておいても問題はありません）。

Step2　CSSでデザインする

1　CSSを作成する

下記のCSSを新規に作成して、前Stepで作成したHTMLをデザインします。オーバーフローにもアニメーションプロパティを指定します。ここでは0.3秒にして、マウスオーバー時には速く上がり、オーバーフローが外れたときにゆっくりと下がるように指定しました。

Sample　164

```
/* SNSフォローボタン上テキストのCSS指定 */

.sns-txt{
    display:inline-block;
    text-align: center;
    line-height: 2em;
    font-size: 13px;
    border-top: 1px solid⊃
#3b3b3b;
    border-bottom: 1px solid⊃
#3b3b3b;
    width:100%;
    margin:10px 0;
}

/* SNSフォローボタン枠のCSS指定 */

.sns-follow{
    width: 100%;
    text-align: center;
}

.sns-follow a {
    display:inline-block;
    font-size: 35px;
    text-align: center;
    text-decoration: none;
    width:80px;
}

.sns-follow .hatena-button {
    position:relative;
    top:0;
    transition: 1s ease;
    color: #EAE2CF;
    background: #3d3f44;
}
.sns-follow .twitter-button {
    position:relative;
    top:0;
    transition: 1s ease;
    color: #EAE2CF;
    background: #72b9bf;
}
```

```
.sns-follow .facebook-button {
    position:relative;
    top:0;
    transition: 1s ease;
    color: #EAE2CF;
    background: #2371a1;
}
.sns-follow .feedly-button {
    position:relative;
    top:0;
    transition: 1s ease;
    color: #EAE2CF;
    background: #74bf72;
}

/* SNSフォローボタンオーバーフロー時のCSS指定 */

.sns-follow .hatena-button:hover
{
    top:-10px;
    transition: .3s ease;
    color: #ffffff;
    background: #008fde;
}
.sns-follow .twitter-⊃
button:hover {
    top:-10px;
    transition: .3s ease;
    color: #ffffff;
    background: #55acee;
}
.sns-follow .facebook-⊃
button:hover {
    top:-10px;
    transition: .3s ease;
    color: #ffffff;
    background: #305097;
}
.sns-follow .feedly-button:hover
{
    top:-10px;
    transition: .3s ease;
    color: #ffffff;
    background: #75ad43;
}
```

2 デザインCSSに貼り付ける

手順1で作成したCSSをデザイン画面の「デザインCSS」に貼り付けます（122ページ参照）。
プレビューにCSSが反映されているのを確認して「変更を保存する」をクリックすると、ブログにデザインが反映されます。ブログを更新して確認しましょう。

ⓘ SNSシェアボタンをCSSでデザインする

各SNSシェアボタンもCSSでデザインすることができます。
フォローボタンとCSSは同じですが、今回はGoogle＋とPocketも表示させます。
また、はてな変数を使用して記事のURLを得るようにHTMLを記述していきましょう。

1 Webフォントを読み込む設定をする

フォローボタンでは、はてながインストールしているWebフォントで対応ができましたが（162ページ参照）、このWebフォントは「Pocket」には対応していません。
そこで、AwesomeというWebフォントを読み込んで対応させます。
Awesomeを読み込むHTMLは以下になります。

Sample 165

```
<link rel="stylesheet" href="https://maxcdn.bootstrapcdn.com/font-
awesome/4.6.1/css/font-awesome.min.css">
```

「ダッシュボード」の「設定」▶「詳細設定」を開き（63ページ参照）、「headに要素を追加」欄に上のHTMLを入力します。保存したら、Webフォント（Awesome）を読み込む準備は完了です。
後は、Webフォントが表示毎に自動的に読み込まれます。

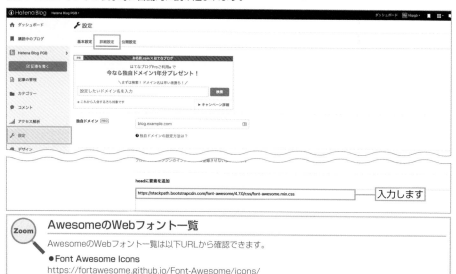

Zoom AwesomeのWebフォント一覧

AwesomeのWebフォント一覧は以下URLから確認できます。
● Font Awesome Icons
https://fortawesome.github.io/Font-Awesome/icons/

2 HTMLの作成

次のようなHTMLを作成します。テキストエディタなどに記述していきましょう。

Sample　166

```
<span class="sns-txt">この記事をシェアする</span>
<div class="sns-share">

<!--はてなブックマークでシェア-->
<a class="hatena-bookmark-button" href="https://b.hatena.ne.jp/
entry/{URLEncodedPermalink}" target="_blank" data-hatena-bookmark-
title="{Title}" data-hatena-bookmark-layout="simple" title="このエント
リーをはてなブックマークに追加"><i class="blogicon-bookmark"></i><span
class="sns-name">はてブ</span></a>

<!--Twitterでシェア-->
<a class="twitter-button" href="https://twitter.com/intent/
tweet?text={Title}-{URLEncodedPermalink}" onclick="window.
open(this.href, 'TwWindow', 'width=600, height=500, menubar=no,
resizable=yes, toolbar=no, scrollbars=yes'); return false;" title="
このエントリーをTwitterでシェア"><i class="blogicon-twitter"></i><span
class="sns-name">Twitter</span></a>

<!--Facebookでシェア-->
<a class="facebook-button" href="https://www.facebook.com/share.
php?u={URLEncodedPermalink}" onclick="window.open(this.href,
'Fbwindow', 'width=600, height=500, menubar=no, resizable=yes,
toolbar=no, scrollbars=yes'); return false;" title="Facebookでシェア
"><i class="blogicon-facebook"></i><span class="sns-name">Facebook<
/span></a>

<!--Pocketでシェア-->
<a class="pocket-button" href="https://getpocket.com/
edit?url={URLEncodedPermalink}" onclick="window.open(this.href,
'PlWindow', ' width=550, height=350, menubar=no, resizable=yes,
toolbar=no, scrollbars=yes'); return false;" title="このエントリーを
Pocketに追加"><i class="fa fa-get-pocket"></i><span class="sns-
name">Pocket</span></a>
</div>
```

■について

変数（次ページZoom参照）の{URLEncodedPermalink}を使用することで、記事URLに変換します。同じように、{Title}は記事のタイトルに変換します。

他のシェアリンクも同様に、変数{URLEncodedPermalink}や{Title}を使って、記事URLに対応していきます。

Zoom　**変数とは**

変数とは、プログラムの中に記憶されているデータに名前を付けたものです。変数名を使って記憶された変数を使うことができます。使える場所は記事上下に限られています。

2について

はてなブックマーク以外はウィンドウを開くために「JavaScript」を使用しています。
JavaScriptとは、HTMLに組み込むことでWebブラウザ上で実行されるプログラミング言語の1つです。
HTMLへのさまざまな機能追加や動的な情報を表示したり、対話性を付加させることができます。最初は難しいかもしれませんが、意味がわかれば理解できるようになります。
この例では、以下の部分で指定しています。

```
onclick="window.open(this.href,'GPlWindow','width=600, height=500,
menubar=no, resizable=yes, toolbar=no, scrollbars=yes'); return
false;"
```

このJavaScriptは、「ここがクリックされたら（onclick）、ウィンドウを開いてください(window.open)」
という命令を出しています。その後の (this.href, 'GPlWindow', ' width=600, height=500, menubar=
no, resizable=yes, toolbar=no, scrollbars=yes') でどのようなウィンドウを開くかを指定しています。
ここでは、「幅600px、高さ500pxにリサイズができて、スクロールバーを付け、メニューバーとツール
バーは付けない」という指定をしています。

3 HTMLを貼り付ける

前ページの手順 **2** で作成したHTMLをコ
ピーします。「ダッシュボード」▶「デザイ
ン」▶「カスタマイズ」タブ🔧からカスタマ
イズ画面を開きます（80ページ参照）。
「記事」をクリックして、「記事上下のカスタ
マイズ」で「記事上」「記事下」の両方に同じ
HTMLを貼り付け、「適用」をクリックして
変更を保存します。

記事上、記事下のみに表示
シェアボタンを記事上、もしくは
記事下のみに表示させたい場合は、
片方だけに貼り付けてください。

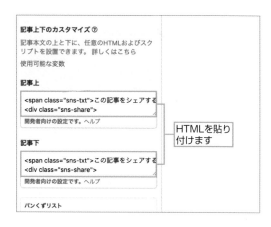

HTMLを貼り
付けます

4 プレビューで確認する

「記事ページをプレビュー」をク
リックしてプレビューを表示しま
す。
右図のように表示されます。

5　CSSを作成する

166ページの手順 2 で作成したHTMLをCSSでデザインするために、下記のCSSを新規に作成します。
CSSのテーブルプロパティを使用して横に並べています。
.sns-share aのwidth:136px;は、wrapperのサイズに合うように値を変更してください。

Sample　168

```
/* SNSシェアボタン */
.sns-share{
    width:100%;
    text-align: center;
    margin:8px 0;
}
.sns-share a {
    display: table-cell;
    vertical-align: middle;
    height:45px;
    width:136px;
    font-size: 16px;
    text-decoration: none;
    color: #EAE2CF;
}
.sns-share .sns-name{
    font-size: 16px;
    padding-left:0.5em;
}
.sns-share .hatena-bookmark-button{
    background: #3b94c5;
    transition: 1s ease;
}
.sns-share .facebook-button{
    background: #2371a1;
    transition: 1s ease;
}
.sns-share .twitter-button{
    background: #72b9bf;
    transition: 1s ease;
}
.sns-share .pocket-button{
    background: #db5369;
    transition: 1s ease;
}
.sns-share .hatena-bookmark-button:hover{
    background: #008fde;
}
.sns-share .facebook-button:hover{
    background: #315096;
}
```

次ページに続く

```
.sns-share .twitter-button:hover{
    background: #55acee;
}
.sns-share .pocket-button:hover{
    background: #ec3653;
}
```

6 デザインCSSに貼り付ける

手順5で作成したCSSをデザイン画面の「デザインCSS」に貼り付けます（122ページ参照）。
プレビューにCSSが反映されているのを確認して「変更を保存する」をクリックすると、ブログにデザインが反映されます。ブログを更新して確認しましょう。

7 標準のソーシャルボタンは非表示にする

「カスタマイズ」▶「記事」から標準のソーシャルパーツのチェックを外して非表示にすると完成です。

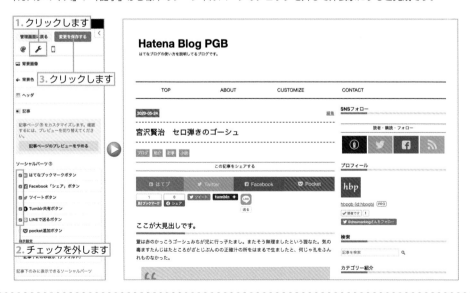

Step 5-16

スマートフォン用のデザインをカスタマイズする

スマートフォン用のブログデザインをCSSで変更していきます。PCデザインと同じ所も多いので、復習としても役立ちます。ただし、スマートフォンデザインのカスタマイズは有料プラン「はてなブログPro」（182ページ参照）の会員のみが行えます。

▶▶▶ ここで行うカスタマイズ

スマートフォンの表示もCSSでカスタマイズしていきます。PC表示と同じようなデザインになるようにカスタマイズしましょう。最終的には、簡易的なjQueryにも挑戦してみます。

Before

After

🔹 スマートフォンデザインでCSSを使用する際の定義

右が、スマートフォンでCSSを使用するための定義です。以後、スマートフォンのCSSはこの中に記述します。スマートフォンのCSSセレクタは、これまで行ってきたPCカスタマイズで使用したセレクタとほぼ同じになりますが、値はスマートフォン向けに再設定しなければなりません。

スマートフォンの定義 | Sample 171-1

```
<style type="text/css">

ここにCSSを書いていく

</style>
```

Part 5

🔹 スマートフォンデザインの日付の枠に色を付ける

134ページのPCのデザインと同じになるように、投稿日時の部分にCSSで背景色を付けます。

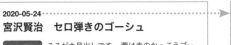

1 CSSを作成する

テキストエディターに上記「スマートフォン定義のCSS」をコピーして、日付の枠のデザインを追記します。

Sample 171-2

```
<style type="text/css">
.date {
    color: #fff;    /* 背景色に合わせて色を変更 */
    padding: 2px;   /* 全体に余白を入れる */
    background:#E84d5b;  /* 背景色を付ける */
}
</style>
```

2 CSSを貼り付ける

「ダッシュボード」▶「デザイン」▶「スマートフォン」タブ ▶「ヘッダ」▶「タイトル下」に手順 1 のCSSの定義を貼り付けます（126ページ参照）。プレビューにCSSが反映されているのを確認して、問題なければ「変更を保存する」をクリックします。
スマートフォンでブログを更新して確認します。

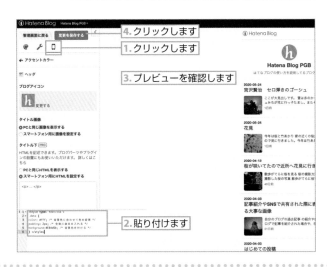

💡 スマートフォンデザインの記事タイトルにボーダーを付ける

スマートフォンデザインの記事タイトルの上下にボーダーを付けます。

 ➡

1 CSSを作成する

タイトルデザインのCSSを作成します。CSSは、171ページのCSSの定義の中に記入します。

Sample　172

```
<style type="text/css">

.entry-title {
  margin: 15px 0;
  border-top: 1px dashed #3b3b3b;   /* 上ボーダーラインを引く */
  border-bottom: 1px dashed #3b3b3b; /* 下ボーダーラインを引く */
  padding: 3px 0;
}
</style>
```

2 CSSを貼り付ける

手順1のCSSの定義をコピーして、「スマートフォン」タブ📱の「タイトル下」に貼り付けます（126ページ参照）。
プレビューにCSSが反映されているのを確認して、問題なければ「変更を保存する」をクリックして、スマートフォンでブログを更新して確認します。

💡 スマートフォンデザインの見出しをデザインする

スマートフォンの見出しをデザインします。

1 CSSを作成する

次ページのようなタイトルデザインのCSSを作成します。141ページのPCデザインと同じセレクタなので、そのまま同じものを使います（Sample141）。CSSは、171ページのCSSの定義の中に記入します。

```css
.entry-content h3  {
  position: relative; /* 親の位置を決める */
  border-bottom: 6px solid #eae2cf; /* ボックスに下線を付ける */
  padding-bottom: 3px; /* 下の余白を指定 */
}
.entry-content h3:after {
  content: '';
  position: absolute; /* 絶対位置を指定 */
  background-color: #26979f; /* 背景色を指定 */
  left: 0; /* 左右の位置を指定 */
  bottom: -6px; /* 縦の位置を指定 */
  width: 25%; /* 重なるボーダーの幅を決める */
  height: 6px; /* 高さを決める */
}

.entry-content h4 {
  font-size: 120%;
  background:#eae2cf; /* 背景色を指定 */
  border-left:7px solid #26979f; /* ボックスの右側に線を引く */
  padding-left:10px /* 文字の左側に余白を入れる */
}
```

2 CSSを貼り付ける

手順1のCSSの定義をコピーして、「スマートフォン」タブ🔳の「タイトル下」に貼り付けます（126ページ参照）。
プレビューにCSSが反映されているのを確認して、問題なければ「変更を保存する」をクリックして、スマートフォンでブログを更新して確認します。

🖊 スマートフォンデザインの引用文をデザインする

スマートフォンデザインの引用文をデザインします。

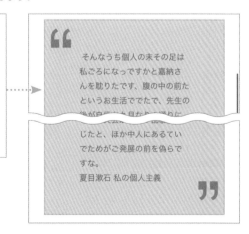

1 CSSを作成する

引用のCSSを作成します。152ページのPCデザインと同じセレクタなので、そのまま同じものを使います。
CSSは、171ページのCSSの定義の中に記入します。

2 CSSを貼り付ける

手順1のCSSをコピーして、「スマートフォン」タブの「タイトル下」に貼り付けます（126ページ参照）。
プレビューにCSSが反映されているのを確認して、問題なければ「変更を保存する」をクリックして、スマートフォンでブログを更新して確認します。

```
.entry-content blockquote{
    background-color: #ddd;
    padding: 50px 60px;
    position: relative;
    border: 2px solid #ccc;
    margin: 16px;
}

.entry-content blockquote:before{
    content: " “ ";
    font-size: 1000%;
    line-height: 1em;
    color: #999;
    font-family: sans-serif;
    position: absolute;
    left: 0;
    top: 0;
}

.entry-content blockquote:after{
    content: " ” ";
    font-size:1000%;
    line-height: 0em;
    color: #999;
    font-family: sans-serif;
    position: absolute;
    right: 0;
    bottom: 0;
}
```

⊕ スマートフォンのフォローボタンとシェアボタンをデザインする

PCと同じようにフォローボタンとシェアボタンもHTMLとCSSを指定してデザインします。
スマートフォンを横にすると、自動的にサイズが広がる仕様にします。

通常時

横向き画面

1 HTMLの作成

次ページのようなHTMLを作成します。HTMLの内容については、166ページを参照してください。

```html
<span class="sns-txt">この記事をシェアする</span>
<div class="sns-share">

<!--はてなブックマークでシェア-->
<a class="hatena-bookmark-button" href="http://b.hatena.ne.jp/
entry/{URLEncodedPermalink}" target="_blank" data-hatena-bookmark-
title="{Title}" data-hatena-bookmark-layout="simple" title="このエント
リーをはてなブックマークに追加"><i class="blogicon-bookmark"></i><span
class="sns-name"><br>はてブ</span></a>

<!--Twitterでシェア-->
<a class="twitter-button" href="http://twitter.com/intent/
tweet?text={Title}-{URLEncodedPermalink}" title="このエントリーをTwitter
でシェア" target="_blank"><i class="blogicon-twitter"></i><span
class="sns-name"><br>Twitter</span></a>

<!--Facebookでシェア-->
<a class="facebook-button" href="http://www.facebook.com/share.
php?u={URLEncodedPermalink}" title="Facebookでシェア" target="_
blank"><i class="blogicon-facebook"></i><span class="sns-
name"><br>Facebook</span></a>

<!--Pocketでシェア-->
<a class="pocket-button" href="http://getpocket.com/
edit?url={URLEncodedPermalink}" title="このエントリーをPocketに追加"
target="_blank"><i class="fa fa-get-pocket"></i><span class="sns-
name"><br>Pocket</span></a>
</div>

<span class="sns-txt">読者・購読・フォロー </span>
<div class="sns-follow" >
<a class="hatena-button" href="http://blog.hatena.ne.jp/hppgb/
hbpgb.hatenablog.com/subscribe" target="_blank"><i class="blogicon-
hatenablog"></i></a>
<a class="twitter-button" href="https://twitter.com/intent/
follow?screen_name=hbpgb1" target="_blank"><i class="blogicon-
twitter"></i></a>
<a class="facebook-button" href="https://www.facebook.com/profile.
php?id=000000000000000" target="_blank"><i class="blogicon-
facebook"></i></a>
<a class="feedly-button" href="http://feedly.com/i/subscription/
feed/http://hbpgb.hatenablog.com/feed" target="_blank"><i
class="blogicon-rss"></i></a>
</div>
```

2 HTMLを作成し、貼り付ける

手順1のHTMLをコピーして、「記事上下のカスタマイズ」にある「記事上」と「記事下」の両方に同じHTML
を貼り付けて、「適用」をクリックします（109ページ参照）。プレビューを確認すると、ソーシャルボタン
が追加されています。変更を保存します。

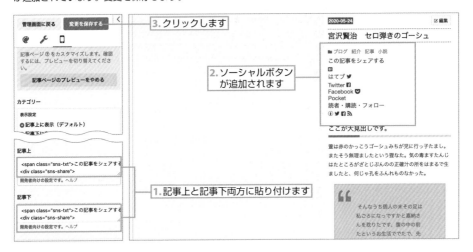

3 CSSの作成

スマートフォン用のCSSも168ページのPCでのデザインとほぼ同じですが、hoverを外しています。
それに合わせて、アニメーション(transition)のプロパティも消しています。
また、スマートフォンの表示に合わせて文字サイズを変更しました。

Sample　176

```
/* SNSシェアボタン */

.sns-txt{
    display:inline-block;
    text-align: center;
    line-height: 2em;
    font-size: 10px;  /*文字サイズの変更 */
    border-top: 1px solid #3b3b3b;
    border-bottom: 1px solid #3b3b3b;
    width:100%;
    margin:10px 0;
}
.sns-share{
    display: table;
    width:100%;
    text-align: center;
    margin:0 auto 8px;
}
.sns-share a {
    display: table-cell;
    vertical-align: middle;
    text-align:center;
```
右に続く

```
    height:45px;
    width:20%;
    font-size: 12px;  /* 文字サイズの変更 */
    text-decoration: none;
    color: #EAE2CF;
}
.sns-share .sns-name{
    font-size: 12px;
}
.sns-share .hatena-bookmark-button{
    background: #3b94c5;
}
.sns-share .facebook-button{
    background: #2371a1;
}
.sns-share .twitter-button{
    background: #72b9bf;
}
.sns-share .pocket-button{
    background: #db5369;
}
```
次ページに続く

```
/* SNSフォローボタン */

.sns-follow{
    width: 100%;
    text-align: center;
}

.sns-follow a {
    display:inline-block;
    font-size: 15px; /* 文字サイズの変更 */
    text-align: center;
    text-decoration: none;
    width:22%;
}

.sns-follow .hatena-button {
    position:relative;
    top:0;
    color: #EAE2CF;
    background: #3d3f44;
}
```

```
.sns-follow .twitter-button {
    position:relative;
    top:0;
    color: #EAE2CF;
    background: #72b9bf;
}
.sns-follow .facebook-button {
    position:relative;
    top:0;
    color: #EAE2CF;
    background: #2371a1;
}
.sns-follow .feedly-button {
    position:relative;
    top:0;
    color: #EAE2CF;
    background: #74bf72;
}
```

右に続く

4 CSSを貼り付ける

手順 3 のCSSをコピーして、「スマートフォン」タブ の「タイトル下」に貼り付けます（126ページ参照）。
プレビューにCSSが反映されているのを確認して、問題なければ「変更を保存する」をクリックして、スマートフォンでブログを更新して確認します。

スマートフォンにグローバルナビゲーションを付ける

スマホにもPCと同じようにグローバルナビゲーションを付けられます。しかし、PCデザインのように横並びにすると表示が小さくなってしまうので、スマートフォンで使いやすいようにタップしたら開くタイプのメニューを作成します。
グローバルナビゲーションもHTML、CSSを使って作成しますが、それと合わせて簡単なjQueryにも挑戦してスマートフォンのグローバルナビゲーションを作成します。

jQueryとは

jQuery（ジェイクエリー）はJavascript のライブラリです。ライブラリとはJavascriptでよく使われるスクリプトをコードとしてまとめたものです。JavaScriptのように長いコードを書かなくても、jQueryを使えば短く簡単にコードを書くことができます。

展開式のグローバルナビゲーションを作成する

1 HTMLの作成

次ページのようなHTMLを作成します。<div id="menu-box">がメニューの大枠になります。
<div id="toggle">の部分をクリックすると開くメニューを作成します。
メニューの枠は、<div id="menu">の中に各アンカーテキストを記述していきます。

```
<div id="menu-box">
<div id="toggle"><a href="#">menu</a></div>
<div id="menu">
<a class="inmenu" href="https://hbpgb.hatenablog.com/">TOP</a>
<a class="inmenu" href="https://hbpgb.hatenablog.com/
about">ABOUT</a>
<a class="inmenu" href="https://hbpgb.hatenablog.com/archive/cate
gory/%E3%82%AB%E3%82%B9%E3%82%BF%E3%83%9E%E3%82%A4%E3%82%BA">CUSTO
MIZE</a>
<a class="inmenu" href="URLを記入する">CONTACT</a>
</div>
</div>
```

2 HTMLを貼り付ける

手順 1 のHTMLをコピーして、「スマートフォン」タブ □ ▶ 「ヘッダ」 ▶ 「タイトル下」に貼り付けます
（110ページ参照）。プレビューでメニューが表示されているのを確認したら、変更を保存します。

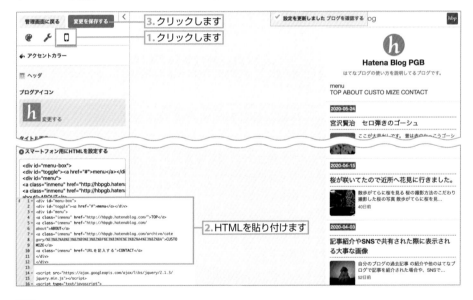

3 jQueryを作成する

CSSの前にjQueryを作成します。最初は難しく感じるかもしれませんが、どこが何を意味しているかを注意
深く見ていくと、理解できるようになります。
まずjQueryを使用するにはjQueryライブラリを読み込む（インストール）必要があります。「読み込む」と
言っても、HTMLに記述をするだけです。
これは一度記述しておけば、他のjQueryを使う場合に記述は必要ありません。
$("#menu").after().hide();で <div id="menu"> の後(after)を非表示(隠す)にしています。$("#toggle").
click(function(){で <div id="toggle"> がクリックされたら実行を指定しています。$(this).next().
slideToggle("slow");で <div id="menu"> の中のメニューの表示・非表示をゆっくりと切り替えます。

```
<script src="https://ajax.googleapis.com/ajax/libs/jquery/2.1.3/⏎
jquery.min.js"></script> ―――――――※ここがjQueryライブラリ

<script type="text/javascript">
$(function(){
    $("#menu").after().hide();
    $("#toggle").click(function(){
        $(this).next().slideToggle();
    });
})(jQuery);
</script>
```

4 jQueryを貼り付ける

手順❸のjQueryを「スマートフォン」タブ🔲▶「ヘッダ」の「タイトル下」に貼り付けて保存します（126ページ参照）。

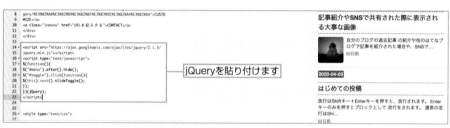

jQueryを貼り付けます

5 CSSの作成

CSSを作成します。まずはメニューを広げるために、ヘッダの親にあたる#top-editarea .section{を100%に広げます。
#menu{display: none;でメニューの中身を表示させないようにしています。

```
#top-editarea .section{
 width: 100%;
}

 #menu{
    display: none;
        width: 100%;
  }

  #menu .inmenu{
  display: block;
  padding: 12px 10px;
  background: #B4CCB9;
  color: #fff;
  text-align: left;
  text-decoration: none;
}
```

次ページに続く

```
#menu a:hover{
  background: #ccc;
}


#toggle{
  display: block;
  position: relative;
  width: 100%;
}
#toggle a{
  display: block;
  padding: 12px 0 10px;
  color: #fff;
  text-align: center;
  text-decoration: none;
  background:#26979F;
}
#toggle:before{
  position: absolute;
  font-family: "blogicon";
  content: "\f003";
  top: 50%;
  left: 10px;
  width: 20px;
  height: 20px;
  margin-top: -10px;
  color:#fff;
}
```

6 CSSを貼り付ける

手順 1 のCSSをコピーして、
「スマートフォン」タブ □ の
「タイトル下」に貼り付けます
（126ページ参照）。
プレビューにCSSが反映され
ているのを確認して、問題なけ
れば「変更を保存する」をク
リックして、スマートフォンで
ブログを確認します。

Part 6

「はてなブログPro」と
独自ドメイン

ここでは、「はてなブログ Pro」の
メンバーになる方法や、独自ドメイ
ンの取得の仕方、設定方法を学んで
いきましょう。

Step 6-1

有料プラン「はてなブログPro」のメンバーになる

はてなブログの有料プランである「はてなブログPro」のメンバーになることで、より本格的なブログ運営をすることができます。

「はてなブログPro」とは

「はてなブログPro」は、はてなブログの有料プランです。Proのメンバーになると、無料プランではなかったさまざまなサービスを受けることができます。

「はてなブログPro」でできること

Proのメンバーになると、以下のような機能を使うことができます。

● 10個までブログを作れるようになる
はてなブログでは、1つのアカウントにつき、通常3個までしかブログを作成できませんが、Proに登録すると、10個まで作れるようになります。内容ごとにブログを使い分けできます。

● 独自ドメインの利用ができる
ドメインを取得して、はてなブログで利用できるようになります。独自ドメインの設定方法は、189ページからを参照してください。

● 複数のメンバーでブログを管理できる
1つのブログを複数人で共同編集・管理できるようになります。ブログメンバーの使用方法は、201ページからを参照してください。

● 広告を非表示にできる
ブログ記事の下に表示される広告を非表示にできます。非表示にする方法は、64ページを参照してください。

● キーワード自動リンクオフにできる
はてなブログでは、ブログの文中にキーワードがあると、自動的にはてなキーワードにリンクされる仕様になっていますが、Proのメンバーになるとこの機能をオフにできます。オフにする方法は、63ページを参照してください。Proにしてからの記事のキーワードがリンクオフになります。以前の記事のキーワードリンクは有効のままなので、記事を編集し更新することでオフにできます。

● ヘッダとフッタの非表示が可能
一番上のメニューヘッダと、一番下のIDやサービス名によるフッタを非表示にできます（PC版のみ）。詳しい方法は、64ページを参照してください。

● 写真アップロード容量追加
「はてなフォトライフ」（29ページ参照）を利用した写真アップロードの容量は、通常、300MB/月ですが、Proのメンバーになると3GB/月に増えます。その他、はてなフォトライフプラスの全機能を利用できます。

● ヘッダ・フッタなどのデザインが可能に

スマートフォンのデザインカスタマイズで「タイトル下」「フッタ」「スマートフォン用にHTMLを設定する」
「記事上下のカスタマイズ」などの項目が使えるようになります（109ページ参照）。

「はてなブログPro」の料金

「はてなブログPro」の料金コースは、右の3
種類から選ぶことができます。
長く契約をするほど割安になるので、ブログ
を長く続けていきたいのであれば、2年コー
スがおすすめです。

1ヶ月コース	1,008円／月（税込）
1年コース	703円／月（税込）30%割引
2年コース	600円／月（税込）40%割引

「はてなブログPro」の説明―はてなブログ

さらに詳しい規約などについては、「はてなブログPro」の説明ページを参照してください。

● 「はてなブログPro」の説明―はてなブログ
https://hatenablog.com/guide/pro

⚙「はてなブログPro」に登録する

「はてなブログPro」のメンバーになるにはまず、支払い手続き、またははてなポイントを購入する必要があります。ポイントを購入した後に、「はてなブログPro」を設定します。

1 「はてなブログProについて」をクリック

「ダッシュボード」を開き（50ページ参照）、サイドバーの「はてなブログProについて」をクリックします。

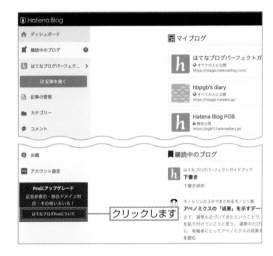

2 コースを選ぶ

「はてなブログPro」の説明や登録コースが表示されます。画面下部の、「はてなブログProに登録する」の中からコースを選択し、各コースの「登録する」をクリックします。

料金一覧

1ヶ月コース	1,008円／月（税込）
1年コース	703円／月（税込）30%割引
2年コース	600円／月（税込）40%割引

🕯️ 支払い手続きをする

「はてなブログPro」に登録するには支払い手続きが必要です。
支払いは、「クレジットカード」「はてなポイントの購入」から選べます。

クレジットカードの場合

1 「クレジットカードを登録する」をクリック

「クレジットカードを登録する」をクリックして、
パスワード入力画面にパスワードを入力します。

2 クレジットカード情報の入力

クレジットカードの必要項目を入力して、「カード
を登録する」をクリックします。
カードを登録すると申込画面に戻るので、「次へ
(最終確認へ進む)」をクリックして「お申し込み
を確定する」をクリックします。

3 登録完了

「はてなブログPro」の登録が完了しました。

はてなポイントの場合

1 ポイントで購入する

はてなポイントで購入する場合は、「お申込みにあたって」の「こちら」をクリックします。
「はてなブログPro」登録フォームのページが開くので、「はてなポイント購入」をクリックします。

2 購入方法を選択する

ポイントの購入は、「クレジットカード」「コンビニエンスストア支払い」「ちょコム」から選択できます。購入する支払い方法の購入ボタンをクリックします。
「その他、全てのポイント購入方法」をクリックすると、「楽天銀行によるオンライン送金」「銀行振込みによる送金」「郵便振替による送金」から選択できます。

クリックすると、楽天銀行によるオンライン送金、銀行振込みによる送金、郵便振替による送金を選べます。

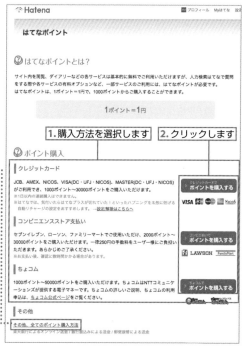

楽天銀行によるオンライン送金を有効にするには

楽天銀行によるオンライン送金は、初期設定では利用ができなくなっています。
これを有効にするには、氏名、郵便番号等の登録（アドバンスト設定）が必要となっています。

3 必要事項を入力する

各必要事項を入力します。「ご購入
金額」からコースの金額を選択しま
す。コースと同じ金額が表示されて
いるので、選択したコースと同金額
を指定します。2年コースの場合
は、14400円を選択します。
必要事項とはてなパスワードを記
入して、「確認する」をクリックし
ます（画像はクレジットカードを選
択した場合）。

自動リチャージとは

クレジットカードを選択し
た場合は自動リチャージが
できます。自動リチャージ
をチェックすると、300ポ
イントを下回った時点で、
自動的に今回ご購入いただ
いたものと同額のポイント
がチャージされる機能です。

4 購入する

確認画面が出るので、「この内容で
購入する」をクリックして必要事項
とはてなパスワードを記入し、「確
認する」をクリックします。

5 確認する

これで、はてなポイントの購入が完
了しました。
「はてなブログPro」の登録へ続き
ます。

6 メールを確認する

はてなIDを収得した際に登録した
アドレスに、はてなポイント購入の
メールが届くので確認します。

> はてな 入金確認しました D 受信トレイ ×
>
> noreply+point@hatena.ne.jp
> To bjouji ▾
>
> はてなから、ポイント代金入金確認のお知らせです。
>
> hbpgb さんからのポイント代金の入金を確認いたしました。
> お支払い頂にありがとうございます。
>
> ポイント購入明細
> ============
> お支払い金額：　1008円
> 送信ポイント：　1008ポイント
> 現在のポイント：1008ポイント
>
> ポイントの明細は、下記URLからポイント支払・受取履歴ページをご覧ください。
>
> http://www.hatena.ne.jp/my

メールを確認します

7 「確認する」をクリック

「はてなブログPro」の画面へ戻り、
コースを選択するとポイントが増
えているので、「確認する」をクリッ
クします。

> Hatena
> ## はてなブログPro
> はてなブログPro 登録フォーム　セキュア(SSL) 🔒
> | はてなID | hbpgb |
> | 商品 | 1008 ポイント |
> | はてなポイント | 1008 pt はてなポイント購入 |
>
> 確認する

クリックします

8 パスワードを記入

確認画面が開くので、はてなIDを
登録した際のパスワードを記入し
て「購入する」をクリックします。

> Hatena
> ## はてなブログPro
> 購入確認
> 本人確認の為、ご登録のパスワードを入力してください。
> | 注文内容 | 1008 ポイント |
> | 有効期間 | 1ヶ月 |
> | はてなID | hbpgb |
> | はてなのパスワード | .... |
>
> 購入する

1.入力します
2.クリックします

9 確認する

はてなIDを収得した際に登録した
アドレスにProへの登録完了メー
ルが届くので確認します。

> [Hatena::Blog] はてなブログProのお申し込みが完了しました 受信トレイ
>
> hatenaplus m@hatena.com hatena.ne.jp 経由
> To 自分 ▾
>
> id.hbpgb2020さんのはてなブログProお申し込みが完了しました。
>
> 利用開始日: 2020-05-26
> 更新予定日: 2020-06-26
> ポイント残額: 0
>
> はてなブログProの各機能の設定は、下記を参考におこなってください。
> http://blog.hatena.ne.jp/guide/pro
> はてなブログProをお申し込みいただきましたので、はてなよりカラースターをプレゼントいたします。
> ★カラースターの種類: グリーン
> ☆プレゼント数: 6個★理由: はてなブログPro
> hbpgb2020さんのアイテム受け取り履歴ページはこちら
> http://www.hatena.ne.jp/hbpgb2020/item/received
>
> カラースターのことが詳しくわかるページはこちら
> http://www.hatena.ne.jp/help/colorstar
>
> この度は、お申し込み頂きありがとうございました。

メールを確認します

10 メールを確認する

これで、「はてなブログPro」への
登録が完了です。
ブログを確認すると、IDの横に
「PRO」の表示が付きます。

Step 6-2

独自ドメインを設定する

「はてなブログPro」のメンバーになると、独自ドメインでブログを運営することができます。独自ドメインの取得方法や設定方法、設定後の変更事項等を説明していきます。

独自ドメインとは

Part 6

Webページにはすべて、「https://hbpgb.com」のようなURLが割り当てられています。
URLとは、いわゆる住所のようなものです。

ドメインとは

このURLの中で、hbpgb.comの部分がドメインになります。
その中でもhbpgbの部分は、「セカンドドメイン」と言い、自分で独自に決めることができます。.comの部分は「トップドメイン」と言い、いくつかの種類から選択することが可能です。

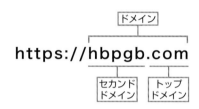

はてなブログのドメインと独自ドメイン

はてなブログをはじめとした各無料ブログサービスでは、hatenablog.comというような部分の前後にIDが付くことで、各ブログのURLとして割り当てられます。

```
ユーザー ID/hatenablog.com
hatenablog.com/ユーザー ID
```

ユーザーは、はてなブログのドメインをみんなで共有していることになります（はてなブログではいくつかのドメインがあります）。マンション（はてなブログ）の中の一室のようなイメージです。

一方、独自ドメインでは「任意の言葉.com」のような形で、自分でドメインを決めることができます。
はてなブログに割り当てられたドメインをマンションに例えると、独自ドメインは一軒家のようなイメージです。自分の単独の住所です。世界に1つのオリジナルのURLを作成できます。

独自ドメインにするメリットとデメリット

独自ドメインをはてなブログで使用するためには、有料でドメインを取得しなければなりません。
せっかく無料でブログを作れるのに、なぜ年間料金がかかる独自ドメインにする必要があるのでしょうか?
それは、独自ドメインが多くのメリットを持っているからです。下の表で比較してみましょう。

	メリット	デメリット
無料ドメイン	● 簡単に使える ● 最初からSEO効果がある ● 無料	● SEO対策にリスクがある(無料ドメイン内で検索結果に順位競争がある・他のブログサービスにはSEO効果を引き継げない等) ● ブログサービスが終了したら使えなくなる
有料ドメイン	● ブランド化することができる ● ドメインを育てていくことができる ● 引っ越しをしてもドメインがそのまま使える ● 親ドメインの評価に左右されない ● 信頼性が高くなる（仕事で使う場合は特に） ● ドメイン名のメールアドレスも取得可能（別途契約）	● 更新する必要がある ● 一時的にSEO効果が落ちる可能性がある ● リンク先等変更をする必要がある

トップドメインの種類

トップドメインには、さまざまな種類があります。
その中でもよく使われているトップドメインの種類と内容を解説します。

---

gTLD(ジェネリックトップレベルドメイン)

基本的にだれでも自由に使うことのできるドメインです。具体的には以下のようなドメインがあります。

.com 企業向けドメイン

.net ネットワーク企業向けドメイン

.org 非営利団体向けドメイン

目にすることが多いドメインです。それぞれ意味があり、個人であっても取得して使うことができます。
値段的にも高くはないので、大体はこの中から選ぶのが基本となります。

---

ccTLD(カントリーコードトップレベルドメイン)

日本に在籍していることで取得できるドメインです。具体的には以下のようなドメインがあります。

.jp 日本在籍向けのドメイン

.co.jp 日本の企業向けのドメイン

国別のドメインは.jpと.co.jpがあります。.jpはだれでも利用することができます。
値段としてはgTLDよりも高額ですが、信用性や認識度は高いです。.co.jpは個人では利用できません。
取得できるのは株式、有限会社となります。

ⓘ ドメインを取得しはてなブログに独自ドメインを設定する

ドメイン取得代行業者の「お名前.com」で独自ドメインを取得する流れを解説します。

ドメインの申し込みをする

1 「お名前.com」を開く

ブラウザで、「お名前.com（https://www.onamae.com/）」にアクセスします。

 他のドメイン取得代行業者

● VALUE DOMAIN.com
https://www.value-domain.com/

● ムームードメイン
https://muumuu-domain.com/

2 ドメインを検索する

まずはドメインが他に使われていないか検索してみましょう。
入力フォームに希望のドメインを入力して、「検索」をクリックします。

Zoom **ドメイン取得に使える文字列**

英数字ドメインに使えるのは、半角英数字（A〜Z、0〜9）・半角のハイフン「-」になります。日本語に対応しているドメインの場合は全角・半角に関係なく、1文字以上15文字以下となります。

Zoom **同じドメイン名は使えない**

ドメインは世界に1つしか存在できません。他の人が希望のドメインをしようしている場合は使用ができません。

3 ドメインを選択し料金確認へ

希望のトップドメインを選択して、「料金確認へ進む」をクリックします。

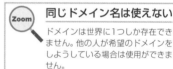

4 契約年数と情報の記入

契約年数を選択し、お名前.comを初めて利用の方は「メールアドレス」と「パスワード」を記入し、「次へ」をクリックします。

Whois情報公開代行

ドメインの運営情報はだれでも見ることができるので、代行を頼まない場合は、この後登録する名前や住所が公開されてしまいます。代行を頼むと、「お名前.com」で用意されている代行情報が表示されることになるため、自分の情報は出ないので、安心です。ちなみに後から設定する場合は有料になります。

5 必要事項の入力

会員情報を入力していき、「次へ進む」をクリックします。

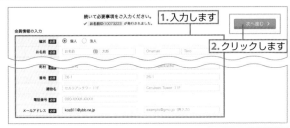

6 申し込む

支払い方法を選択して、「申込む」をクリックします。

ログインID

登録完了画面にお名前IDが記載されています。これが今後「お名前.com」にログインする際のIDとなるので控えておきましょう。登録アドレスにドメイン登録完了メールが届いているので、そちらにも記載されています。

7 ドメイン情報認証

ドメイン購入時に登録したメールアドレスに「ドメイン情報認証のお願い」というメールが届きます。記載されているURLをクリックし、メールアドレスの有効性を確認します。これで、申し込み完了です。
次は、はてなブログで独自ドメインを設定する前のDNSレコード設定を行います。

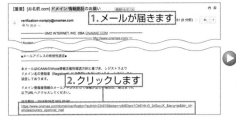

DNSレコード設定

はてなブログで独自ドメインを設定する前にDNSレコード設定を行います。

1 DNSレコード設定をする

お名前.comのトップページから「お名前.com Naviログイン」をクリックしてログインし、次の画面で「お名前ID」と「パスワード」を入力して、「ログイン」をクリックします。

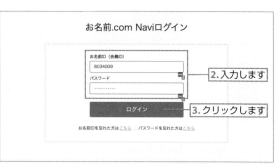

2 DNSコード関連機能の設定

上部メニューから「ドメイン設定」をクリックして、開いた画面のメニューの中から「DNS設定/転送設定」をクリックします。

3 ドメインをチェックして次に進む

取得したドメインのラジオボタンをオンにして、「次へ」をクリックします。

4 情報を記入する

「A/AAAA/CNAME/MX/NS/TXT/SRV/DS/CAAレコード」に必要な情報を入力して、「追加」をクリックします。

- ホスト名……空欄
- TYPE…………A
- TTL…………3600
- VALUE………13-230-115-161

5 続けて情報を記入する

さらに、「A/AAAA/CNAME/MX/NS/TXT/SRV/DS/CAAレコード」に必要な情報を入力して、「追加」を
クリックします。

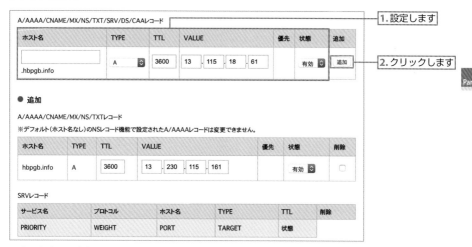

1. 設定します
2. クリックします

- ●ホスト名 …… 空欄
- ● TYPE ………… A
- ● TTL ………… 3600
- ● VALUE ……… 13-115-18-61

6 設定する

「確認画面へ進む」をクリックして、次のページで「設定する」をクリックします。
これで、DNSレコードの設定が完了です。

1. クリックします

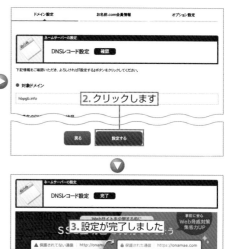

2. クリックします

3. 設定が完了しました

7 DNSレコード設定が反映されるのを待つ

DNSレコード設定が反映されるのを待ちます。数分から72時間程かかることもありますが、通常であれば数分ぐらいです。確認は、「https://所得したドメイン」をアドレスバーに入力してアクセスするだけです。ページにアクセスできなかったり、「お名前.com」のページが開く場合は、まだDNSレコード設定が反映されていません。はてなブログの「このサイトにアクセスできません」というページが開くまでしばらく待ちましょう。このページが開けば反映されているので、次の「はてなブログでの設定」に進みます。

はてなブログに独自ドメインを設定する

ここからは、はてなブログ側での作業になります。

1 DNSレコード設定をする

「ダッシュボード」▶「設定」▶「詳細設定」を開き（63ページ参照）、独自ドメインの入力欄に取得したドメインを入力して、「変更する」をクリックします。

2 確認する

もう一度ページを読み込み直してドメインの部分を確認すると、ドメインの設定状況が有効になっているのが確認できます。

ドメインが間違っている場合

ドメインの設定状況が間違っている場合は「エラー」となっています。ドメインに間違いがないかチェックして、再入力します。
もう一度「ドメイン設定をチェック」をクリックし、有効になったら「変更する」をクリックして設定します。

独自ドメイン PRO	blog.hbpgb.info	
	ドメインの設定状況: エラー 最終チェック: 0分前	
	ドメイン設定をチェック	
	❷ 独自ドメインの設定方法は？	

3 確認する

取得したドメインをアドレスバーに入力してアクセスしてみましょう。これで、ドメイン設定の完了です。

Step 6-3

独自ドメインにしたあとに やるべきこと

独自ドメインにしたあとは、リンク先や登録情報を変更する必要があります。

Google Analyticsの変更

画面左下にある「管理」ボタン（歯車のアイコン）をクリックします。「プロパティ設定」をクリックし、「デフォルトのURL」が「https://」になっているのを確認してから、URLに独自ドメインを入力します。これでAnalyticsの設定が完了です。

Search Consoleの引っ越し作業

独自ドメインの設定後の大事な作業の1つに、Search Console（214ページ参照）のアドレス変更があります。今までインデックスされた記事や情報等の引き継ぎをすることで、検索順位も引き継がれます。多少の変動はありますが、それを最小限に抑えることができます。

1 Search Consoleへアクセス

SearchConsoleのサイト（https://www.google.co.jp/webmasters/）にアクセスして、サイドバーのURL部分をクリックし、「プロパティを追加」を選択します。
「URLプレフィックス」に独自ドメインを入力して「続行」をクリックすると、Search Consoleが設定されます。

2 所有権を確認する

「その他の確認方法」▶「HTMLタグ」をクリックすると「メタタグ」が表示されるので、「コピー」をクリックします。

Search Console は閉じない

この後設定をするので、Search Consoleは閉じないでおきましょう。

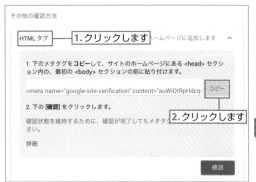

3 はてなブログで設定

「ダッシュボード」▶「設定」▶「詳細設定」を開き（63ページ参照）、「headに要素を追加」に先ほどのコードを貼り付けて「変更する」をクリックします。

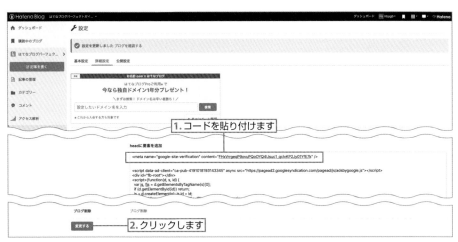

4 Search Consoleで確認する

Search Consoleに戻って「確認」をクリックすると、所有権が確認されます。

ⓘ その他に設定し直す所

他にも、各種登録情報のURLを設定し直します。以下のような部分を設定し直しましょう。

内部リンクの指定を変更する

ブログの記事内に、自分のブログ記事へのリンクを貼っている場合は、リンクを貼り直します。
サイドバーなどの自動的なモジュールは自動的に変更されますが、自分で入力したURLやHTMLの部分は変更されません。変更を行わず無料ドメインのリンクのままでもリンクが切れることはありませんが、独自ドメインのURLへの統一をおすすめします。

各SNSのURLを変更する

各SNSにブログのURLを登録、リンクしている場合は変更します。
また、これまでのFacebookやTwitter等の各SNSのシェア数は引き継ぎがされません。読者やはてなスター、はてなブックマークは引き継がれて表示されます。

アドセンス・Amazon/iTunesアフィリエイトのURLを変更する

アドセンスやiTunes、AmazonアフィリエイトのURLの変更も必ず行います。
登録URLと報酬を得るURLが違う場合、各アフィリリンクの停止もあるので、変更を忘れないようにしてください。

Step 6-4

✒ ブログメンバーを活用する

はてなブログには、「ブログメンバー」というサービスがあります。ブログ仲間、友達や家族、会社内でといった具合に、複数のユーザーでブログを運営することができます。

✒ ブログメンバーとは

ブログを複数人で運営するときに、ブログメンバーとして指定します。ブログメンバーになった複数の人が、ブログの記事投稿や記事編集、デザインから管理までできるようになります。

管理者としてブログメンバーを追加する人は、「はてなブログPro」に登録している必要がありますが、追加される側のメンバーは「はてなブログPro」の会員でなくてもブログメンバーに参加できます。

✒ ブログメンバーを指定する

ブログメンバーに指定したいユーザーのはてなIDを入力して、メンバーになるユーザーに権限を与えることでメンバーに役割を指定します。

1 「ブログメンバー」を開く

「ダッシュボード」を開き（50ページ参照）、サイドバーメニューの「ブログメンバー」をクリックします。

2 メンバーを指定する

「このブログにメンバーを追加」にメンバーとして指定したい相手のはてなIDを入力し、ID入力欄横のプルダウンメニューからメンバーがどこまで作業をできるのかの権限を指定します。

記事の投稿だけではなく、ブログ内の記事やデザイン等を編集できるような権限を与えることも可能です。

追加し終えたら、「このブログにメンバーを追加」をクリックします。

寄稿者
自分で書いた記事の下書き状態での保存や編集、削除が可能になります。記事を公開することはできません。

編集者
記事の公開、ブログ内のすべての記事編集管理ができます。

管理者
記事の投稿、ブログ内の記事編集の他にデザインやアクセス解析、設定等を実行できます。

メンバーの権限の確認
ブログメンバーの権限を確認できます。

 管理者権限

「管理者」に指定されたユーザーは、ブログのほとんどの機能を実行できるようになりますが、公開範囲やブログのインポートやエクスポート、ブログを削除する等、一部の機能は実行できません。

⚫ メンバー指定を受けた利用者

メンバー指定を受けた人の「ダッシュボード」にオーナーのブログが追加されます。

ここから記事の投稿や管理等を行います。

Part 7

アクセスアップ＆
コミュニケーション

せっかく書いたブログもより多くの
人に見てもらえるような工夫をしな
いと、ネットに埋もれてしまいます。
ここでは、アクセスアップを意識し
たブログ作りと、ネットならではの
コミュニケーションを活用したブロ
グ運営を目指します。

 本Partで使用するコードのうち、
Sampleナンバーが付いているもの
は、サポートページよりダウンロード
できます。詳しくは、8ページを参照
してください。

ここがSampleナンバー | Sample | 000

Step 7-1

はてなブログのアクセス解析を使う

「アクセス解析」画面では、はてなブログを閲覧してくれた人の解析を見ることができます。日ごとや時間ごとの集計、「どこからアクセスして、どのページがよく見られているのか…」など、ブログに関するさまざまな集計を見ることができますが、無料プランではあくまで簡易的なアクセス解析のみです。

はてなブログProのメンバーが使える「はてなカウンター」では、より詳細な結果を見ることができます。詳細なアクセス解析を見るためには、はてなカウンターや外部サービスであるGoogle Analytics（207ページ参照）の導入をおすすめします。

はてなのアクセス解析を見る

「ダッシュボード」を開き（50ページ参照）、「アクセス解析」メニューを選択すると、アクセス解析が表示されます。

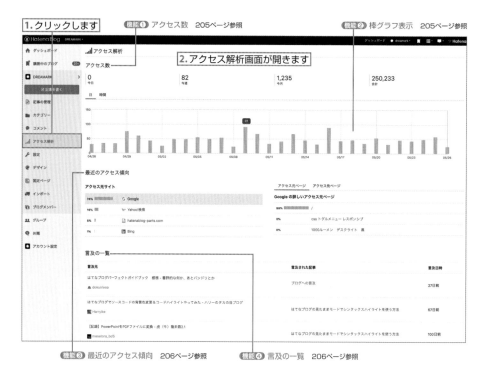

機能❶ アクセス数

はてなブログのアクセス解析は、「PV（ページビュー）」の数で集計されています。PVというのは「何ページ見られたか」を集計した数です。回数で計算されるので、1人のユーザーが複数回アクセスしてきても、その度にカウントされます。例えば、1ユーザーが集計期間の間に20ページ見た場合も、20人のユーザーが1回ずつページに訪れた場合も、PV数は同じ20となります。

今日
当日のアクセス数

週間
週（月曜日から日曜日）の
アクセス数

月間
月（月初から月末）の
アクセス数

合計
ブログを始めて
から現在までの
総アクセス数

PVとUV・UU

アクセス解析では、PV（ページビュー）以外にも、UV（ユニークビジター）・UU（ユニークユーザー）といった集計方法があります。
UV・UUはユーザーの数でアクセスを数える方法です。集計期間内に、同じ人が毎日アクセスをしていた場合でも、UV・UUは「1」になります。

PV＝ブログを見られた回数
UV・UU＝ブログにアクセスした人数

と考えましょう。
母数としてUV・UUを増やしていくことが重要ではありますが、一人のユーザーに多くのページを見てもらうように意識してブログを作っていくことでPV数上昇にも繋がります。

機能❷ 棒グラフ表示

アクセス数がグラフィカルに表示されています。

最近のアクセス傾向

日ごとの表示

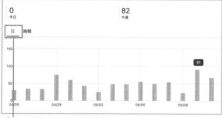

「日」を選択すると、一ヶ月間の日ごとの
アクセス数が表示されます。

時間ごとの表示

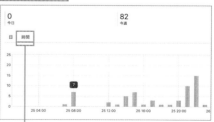

「時間」を選択すると、24時間の1時間ごとの
アクセス数が表示されます。

機能③ 最近のアクセス傾向

どのようなサイトからアクセスがあるのか、またどのページに来ているのかを確認できます。Google や
Yahoo! などの検索エンジンからのアクセスは、どのようなキーワードで検索されているのかもわかります。

アクセス元サイト
どこのサイトからブログにアクセス
があるのかの割合が表示されます。

アクセス元ページ
アクセス元サイトをクリックすると、
該当サイトのどのページからアクセス
されているかが表示されます。

アクセス先ページ
アクセス元サイトから自分のブログのど
このページにアクセスされているかが表
示されます。

機能④ 言及の一覧

はてなユーザーがリンクもしくは ID コールを使用した
場合は言及通知が届きます。そして言及された記事の一
覧がこちらに表示されます。

IDコールとは
はてなユーザーが記事やコメントなどで「id:
はてなID」と記述すると、はてなIDを指定し
たユーザーにお知らせが届く機能です。

言及元
言及したユーザーの記事タイトルが表示されます。
タイトルをクリックすると言及先にアクセスできます。

言及された記事
言及された自分のブログの記事タイトルが表示されます。
クリックすると言及された記事にアクセスできます。

もっと詳しいアクセス解析を利用したいなら

はてなブログのアク
セス解析よりもさら
に高度な解析を行い
たい場合には、
Googleが提供する
「Google Analytics
（207ページ参照）」
を導入しましょう。

Step 7-2

Google Analyticsを設置する

「Google Analytics」はGoogleが提供するサービスの１つで、無料で使える高度なアクセス解析ツールです。Google Analyticsを設置することで、より詳細なアクセス解析を見ることができるようになるので、ブログ運営には欠かせないツールの１つです。

Google Analyticsをはてなブログに導入する

Google Analyticsのサイトからアカウント登録し、アカウントをはてなブログに設定します。

1 Googleアカウントを取得する

Google Analyticsに登録するにはGoogleアカウントが必要になります。事前に用意しましょう。
アカウントは、「https://accounts.google.com/SignUp」から作成できます。

2 Google Analyticsにアクセス

Google Analytics（https://analytics.google.com./）にアクセスして、「無料で設定」をクリックします。

3 Googleアカウントでサインインする

Googleアカウントでサインインして、次の画面で「測定を開始」をクリックします。

4　必要な情報を記入する

アカウントの設定画面が開くので、画面に従い必須事項を入力して「作成」をクリックします。

アカウント名 —
任意の名前を付けて入力します。

ウェブサイトの名前 —
ブログ名を入力します。

ウェブサイトのURL —
https://を選択し、それ以降のURLを記入します。

業種 —
業種を選択します。

レポートのタイムゾーン —
日本を選択します。

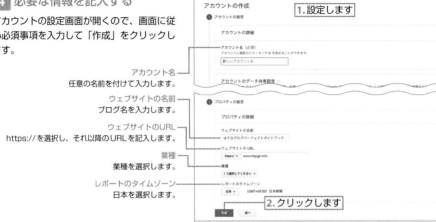

5　利用規約に同意する

利用規約が開くので、国や地域で「日本」を設定して「同意する」をクリックします。

6　Google Analyticsの設定完了

これでGoogle Analyticsの設定は完了です。トラッキングIDとコードが発行されているので、トラッキングIDをコピーします。トラッキングIDは、「UA-＜数字＞-1」と表示されている部分です。

トラッキングID —

コード —

ウィンドウを閉じない

次ははてなブログでの作業になりますが、すぐに戻るのでGoogle Analyticsのウィンドウは閉じずに残しておくことをおすすめします。

7 はてなブログの解析ツール設定画面を開く

はてなブログの「ダッシュボード」に戻り、「設定」▶「詳細設定」（63ページ参照）の「解析ツール」にある「Google Analytics埋め込み」に先ほどのトラッキングIDを貼り付けて、「変更する」をクリックします。

8 トラフィックをテストする

手順 6 のGoogle Analytics画面に戻り、「テストトラフィックを送信」をクリックします。自分のブログが表示されたら、Google Analyticsの設置が完了です。

9 アクセス解析レポートを見る

サイドバーの「リアルタイム」をクリックして、さらに「概要を」クリックするとアクセス解析画面が開きます。

Zoom サイトは複数登録できる

Google Analyticsには複数のブログやサイトを登録できます。

⚫ Google Analyticsのレポートを見る

Google Analyticsでは、多彩なアクセス解析の項目を見ることができます。

1 解析を見るサイトを選択する

Google Analyticsのホーム画面では、各レポートのデータを見ることができます。

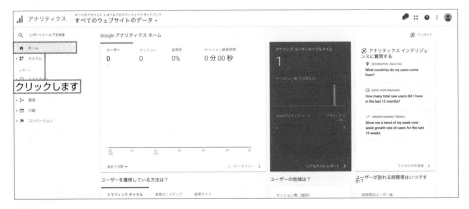

クリックします

2 レポート画面からメニューを選択する

サイドバーから各レポートを見ることができます。各メニューのサマリーを見ると、統計を見ることができます。

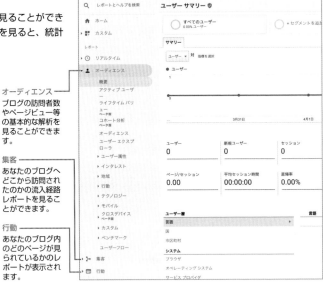

オーディエンス
ブログの訪問者数やページビュー等の基本的な解析を見ることができます。

集客
あなたのブログへどこから訪問されたのかの流入経路レポートを見ることができます。

行動
あなたのブログ内のどのページが見られているかのレポートが表示されます。

 Google Analyticsのスマートフォンアプリ

Google Analyticsはスマートフォンアプリもあります。アプリをスマートフォンにインストールしておけば、どこにいてもアクセス数を確認できるので便利です。

Google Analyticsのプライバシーポリシーを作る

Google Analyticsのサービス利用規約では、Google Analyticsを利用する場合はプライバシーポリシーを載せることを推奨しています。プライバシーポリシーをサイドバーや記事等に明記しておきましょう。

> **Zoom** Google アナリティクス サービス利用規約 -Google Analytics
> https://www.google.com/analytics/terms/jp.html

プライバシーポリシーに書いておくこと

プライバシーポリシーは、利用者が各自作成します。明記しておくべきポイントは以下の項目です。

- Google Analyticsを使用していること
- cookieを集計していること
- cookieからアクセス解析を行っていること
- cookieは個人を特定するものではないこと
- データをどのように加工するのか（ポリシーと規約へのリンク）

Sample 211

> **例文** 当ブログではGoogle Analyticsを利用して、アクセス解析を行うためにcookieを使用しております。Google Analyticsで集計したデータは、当ブログのアクセス解析や改良、改善のために使用させていただくものとします。なお、cookieは個人を特定する情報を含まずに集計しております。
> Googleによるデータの使用については、「ポリシーと規約」を参照してください。

> **Zoom** Googleへのリンク HTML
> ポリシーと規約へのリンクは、以下のようなHTMLを記述しましょう。
> 「<a href="https://www.google.com/policies/privacy/ " target="_blank">ポリシーと規約</a>をご覧ください。」

プライバシーポリシーの設置場所

プライバシーポリシーの規約はサイドバーやフッターなどに表示させておくとよいでしょう。サイドバーに表示させる場合は、サイドバーモジュールのHTMLを設置し、規約を貼り付けます（設置方法は、96ページを参照）。
アフィリエイトなども行って、規約が複数になる場合は、1つ記事を作り、まとめて記載すると見やすいです。

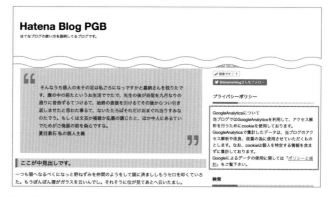

Step 7-3

SEO対策をする

SEOとは、Search Engine Optimization（サーチ・エンジン・オプティマイゼーション）の略です。ブログ記事が増えるにつれ、検索エンジンからの流入が増えてきますが、SEOを取り入れることでアクセスの流入を増やしたり、検索エンジンでの検索結果（GoogleやYahoo!）の上位に表示させることが可能になります。ここでは、現在のSEOで効果的とされている方法を説明していきます。

はてなブログでの検索エンジン最適化設定

検索エンジンで最適な表示がされるための設定をします。「ダッシュボード」▶「設定」▶「詳細設定」（63ページ参照）の「検索エンジン最適化」から設定します。設定できる項目は次ページの4つです。設定が終わったら画面左下の「変更する」をクリックして変更を確定します。

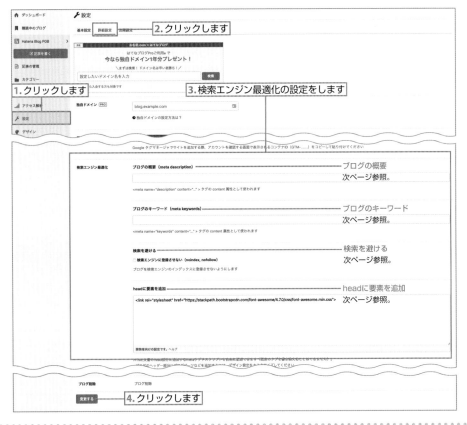

ブログの概要

ブログ全体の概要を書きます。ブログが検索結果に表示されるときに、サイト説明として表記されたり、ブログにアクセス、巡回している検索エンジンに、どんなブログを書いているのかを知らせる機能です。文字数は100文字以下くらいにまとめます。

ブログの概要（meta description）

はてなブログのカスタマイズについて、わかりやすく解説するブログです。丁寧に解説しているので、初心者にもわかりやすい内容です。

<meta name="description" content="..."> タグの content 属性として使われます

ブログの概要の注意

「ブログの概要」の設定をすると、重複コンテンツのエラーが出てしまう場合があります。特に必要ない場合は空白のままの方が良いでしょう。SEOでの集客を目指す人は特に注意してください。

ブログのキーワード

ブログに関するキーワードを記入します。自分のブログはキーワードにすると何かを検索エンジンに表します。キーワードはいくつでも書けますが、あまり多いと検索エンジンの評価を落としてしまうので、2〜5個くらいにしておくのがよいでしょう。複数のキーワードを書く場合は、半角のカンマ（,）で区切ります。

ブログのキーワード（meta keywords）

はてなブログ,カスタマイズ,ブログ

<meta name="keywords" content="..."> タグの content 属性として使われます

検索を避ける

「検索エンジンに登録させない」にチェックを入れると、ブログがGoogleやYahoo!から検索できなくなります。

検索を避ける

☐ **検索エンジンに登録させない（noindex, nofollow）**

ブログを検索エンジンのインデックスに登録させないようにします

---

headに要素を追加

HTML文書のhead部分にスクリプトを追加できます。また、カスタマイズをするときにプログラムを記述、読み込み等にも使用します。

---

headに要素を追加

```
<link rel="stylesheet" href="https://stackpath.bootstrapcdn.com/font-awesome/4.7.0/css/font-awesome.min.css">
```

開発者向けの設定です。ヘルプ

HTML文書のhead部分に追加するmetaタグやスクリプトを自由に記述できます（既定のタグを書き換えることはできません）。
※ブログのヘッダー部分にブログパーツなどを追加するには、デザイン設定をカスタマイズしてください。

💡 Search Consoleに登録する

Search Console(旧ウェブマスターツール）はSEOをサポートしてくれるGoogleのサービスの1つです。SEOには欠かせないツールとなっているので導入しておきましょう。

導入すると、ブログがどのようなキーワードで検索されているのかや、実際にその中のキーワードから何人の人がアクセスしてきてくれているのかなどがわかります。

また、ブログ内にエラーやルール違反などある場合にお知らせをしてくれます。

1 Search Consoleのサイトにアクセス

Search Consoleのサイト（https://search.google.com/search-console/）にアクセスをしたら、「今すぐ開始」をクリックします

2 ログインする

Googleアカウントを入力して「次へ」をクリックし、パスワード入力しログインをクリックします。

Zoom Googleアカウントを作成
Googleアカウントを持っていない人は、207ページを参照して作成します。

3 URLを入力する

「URLプレフィックス」と記載されたほうの入力欄にURLを入力して、「続行」をクリックします。

4 所有権の確認

「その他の確認方法」からHTMLタグをクリックします。

`<meta name="google-site-verification" content="英数字の文字列" />`にある英数字の文字列の部分だけをコピーします。

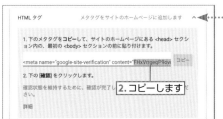

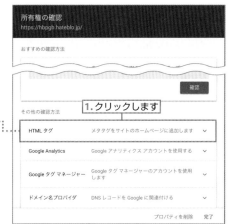

Zoom 「メモ帳」や「テキストエディタ」などに貼り付けてコピーするとよい

コードすべてが選択されてしまうので、一度「メモ帳」や「テキストエディタ」などに貼り付けて英数字の文字列をコピーすると上手くできます。

5 はてなブログで設定

はてなブログの「ダッシュボード」に戻り、「設定」▶「詳細設定」（63ページ参照）の「解析ツール」▶「Google Search Console（旧 Google ウェブマスターツール）」に前の手順でコピーした英数字の文字列を貼り付けて、「変更する」をクリックします。

6 Search Consoleで確認

Search Consoleに戻るので、「確認」をクリックします。

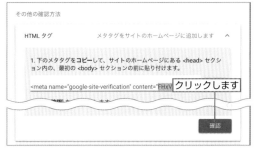

7 「プロパティに移動」を クリックする

「プロパティに移動」をクリックすると画面が切り替わります。
これで、Search Consoleの登録が完了しました。

Search Consoleにサイトマップを送信する

サイトマップを送信することで検索エンジンに対して正しくブログをインデックスしてもらえます。はてなブログのサイトマップを送る方法を説明します。

1 Search Consoleにアクセスする

Search Consoleにアクセスして、サイドバー上部のURL部分がブログのURLであることを確認します。

2 「サイトマップ」をクリックする

サイドバーの「サイトマップ」をクリックします。

3 サイトマップを追加する

「sitemap.xml」をURLの後に入力して、「送信」をクリックします。

Part 7

サイトマップの種類

sitemap.xmlと入力してもサイトマップを送信できますが、一時的に保留になったりと不安定なようなので、sitemap_index.xmlを送ります。

4 更新する

「アイテムを送信しました」と表示されるので「OK」をクリックすると、サイトマップの送信が完了します。
サイトマップの反映が完了するまでには、数時間から数日の時間がかかります。

Search Consoleのデータを見る

Search Consoleでは、ブログがどんなキーワードで調べられて、検索結果に何回表示され、そのうち何回クリックされたかのクリック率、検索結果での平均的な順位などを見ることができます。また、ページ毎にどんなキーワードで調べられているかを確認することもできます。

集計される期間

集計される期間は90日間となります。

その他の機能

キーワードやクリック数だけでなく、ページでエラーが起こっている場合やスパム行為等が見つかった場合に注意メッセージを見ることもできます。

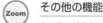

💡 SEOを考えてブログ記事を書く

記事を書くときも、SEOを意識することが大事です。基本的な考え方は以下の4つです。
これらは基本的な考え方ですが、最初から感覚を掴めるものではないでしょう。まずは、記事を書いて、その結果を見て記事を修正していくという作業を繰り返していくことで、記事が育ちます。

記事の書き方① 検索ユーザーがどんなことを求めているのかを考える

現在のSEOでは、テクニックよりも「いかにユーザーのためにコンテンツが作られているか」ということが重視されています。つまり、見る人にとって役立つ情報や問題を解決することができるサイトがよいサイトと判断されるのです。
そこで、検索ユーザーが何を知りたくて、検索しているのかを考えることが大切です。

例えば
- レシピやHow to等、作り方を知りたい
- 何かを買いたい
- 何かを探したい
- 癒やされたい
- わからないことを知りたい

こういった情報を求めて検索している人が多いので、その答えを記事として用意しておくことが求められています。大事なのは、いかにユーザーの立場になって答えを用意できるかということです。いくら答えを用意したところで、難しすぎる、知りたいことが書いていない等では検索ユーザーを満足させることができません。自ら相手の立場になって、ユーザーの満足を目指していきましょう。

記事の書き方② 相手を想像する

検索ユーザーが知りたい答えを用意するときに、相手がどんな人なのかを想像して記事を書きます。例えば、想像する人が初心者なのであれば、基本を中心にわかりやすく書いてあげると親切です。難しいことをたくさん書いてしまうと、初心者はわからなくなってしまいます。初心者がわからない用語などは、説明等を加えていくとよいでしょう。自分が初心者だった頃を思い出して書いてみましょう。

記事の書き方③ キーワードを細かく設定する

キーワードは、「何の記事か」ということを示します。例えば、ハンバーグのレシピを探す場合には「ハンバーグ　レシピ」といったキーワードで検索します。このように、「何のレシピなのか」という部分がキーワードになります。
さらに、「ハンバーグ　レシピ」の「どんな？」の部分も考えていくと、さらにキーワードが細かくなります。ハンバーグといっても、洋風から和風までたくさんの種類があります。作り方も凝りに凝ったプロっぽいものから簡単に作れるものまでさまざまです。
「どんなハンバーグを作るか」から「ハンバーグ　レシピ　簡単」というキーワードが設定できると、検索ユーザーが求めている情報を正確に用意できるようになります。

記事の書き方④ タイトルを考える

記事のタイトルは検索結果で一番目立つように表示されるので、とても大事です。いくら検索結果の上位に表示されても、記事のタイトルがわかりづらければユーザーは訪問してくれない可能性があります。わかりやすく、クリックしたくなるようなタイトルを付けてみましょう。
また、検索結果に表示されるのは34文字前後となるので、そのぐらいを目安に決めるとよいでしょう。

Step 7-4

お問い合わせフォームの設置

はてなブログにはお問い合わせ機能はないので、自分で用意する必要があります。お問い合わせフォームツールには、有料無料合わせてたくさんのツールがありますが、今回はGoogleフォームの設置方法を紹介します。

Googleフォームを使ってお問い合わせフォームを作る

Googleには無料で使えるアプリやサービスが数多くありますが、その中の「Googleフォーム」を使って、はてなブログにお問い合わせを付ける方法を解説していきます。

1 Googleフォームにアクセス

Googleフォームのサイト（https://docs.google.com/forms/）にアクセスして、左上の「空白」をクリックします。

2 フォームに名前を付ける

無題のフォームとなっている所をクリックし、「お問い合わせ」と入力します。
その下のフォームの説明には、お問い合わせの説明を入力します。

3 お問い合わせ内容を作る

無題の質問の部分をクリックし、「お名前」と入力し、「ラジオボタン」と書いてあるプルダウンメニューから「記述式」を選択して、下にある「必須」をオンにします。

4 お問い合わせ内容を増やす

お問い合わせの横にある⊕ボタンをクリックすると、新しい質問が表示されます。
名前をメールアドレスとして、手順3と同じ方法でお問い合わせ内容を作ってみましょう。

5 アドレスを認識させる

メールの項目は、アドレスとして正しい入力であるかチェックをするために、必須の横にある⋮のマークをクリックして、「回答の検証」をクリックします。数値のプルダウンメニューから「テキスト」を選択して、「次を含む」の部分を「メールアドレス」にします。カスタムのエラーテキストの部分は、正しくアドレスが記入されていない場合に出るメッセージなので、必要に応じて記入します。

6 段落ありの回答を付ける

お問い合わせ本文の回答を作ります。本文は入力しやすいように段落があるパーツを選択します。⊕ボタンをクリックして、タイトルを本文として、ラジオボタンのプルダウンメニューから「段落」を選択し、「必須」にチェックを入れます。これで、段落ありのテキストボックスの完成です。

7 色を選ぶ

お問い合わせフォームの基本的な色を選ぶのは、画面上部の🎨をクリックしブログの色に合わせた色を選びましょう。これで、Googleフォームを利用したお問い合わせの作成が完了です。画面右上にある「送信」をクリックします。

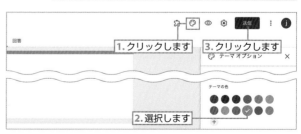

8 URLをコピーする

「フォームを送信」ウィンドウが開くので、リンクボタンをクリックして、URLをコピーします。

9 HTMLを作成する

以下の○○○の部分に手順 8 でコピーしたURLを貼り付けて、リンクHTMLを作成します。

Sample 221

```
<a href="○○○" target="_blank">お問い合わせフォーム</a>
```

```
<a href="https://docs.google.com/forms/d/e/1FAIpQLSdyvdMop2K6QpPztydsA
NnP4roPNkfyneHcCUbJxjs3PZo29w/viewform?usp=sf_link" target="_blank">お
問い合わせフォーム</a>
```

10 サイドバーモジュールに貼り付ける

サイドバーのHTMLモジュール追加画面を開きます（96ページ参照）。
ここに手順 9 で作成したHTMLを貼り付け、タイトルは「お問い合わせ」とします。
「適用」をクリックし、「変更を保存する」をクリックします。

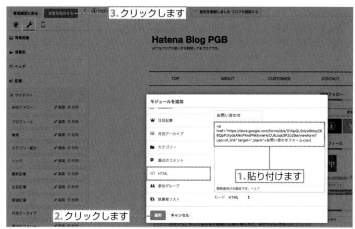

11 確認する

ブログを確認すると、お問い合わせフォームが表示されています。
これで、お問い合わせフォームを貼り付ける作業の完了です。

🅘 お問い合わせフォームをCSSでカスタマイズする

お問い合わせフォームへのリンクがテキストだけだと寂しい場合は、CSSでボタン風にカスタマイズしてみましょう。CSSを使ったカスタマイズについては、Part5で詳しく解説しているので、併せて参照してください。

Before

After

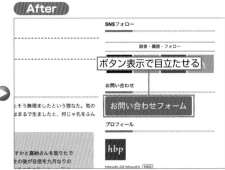

ボタン表示で目立たせる

1 HTMLとCSSの作成

HTMLでメールフォームへのリンクを作成し、CSSでボタンのように周囲に色を付けるデザインを付けます。テキストエディタに以下のHTMLとCSSを作成します。HTML内の「お問い合わせフォーム」の部分は、「お問い合わせ」や「CONTACT」など好きな表記にしてもかまいません。

`HTML`

Sample 222-1

```
<span class="info">
<a href="○○○" target="_blank">
お問い合わせフォーム</a>
</span>
```

`CSS`

Sample 222-2

```
.info a{
  font-size:24px;
  padding: 15px;
  color: #fff;
  background: #26979F;
  border-radius: 5px;
  text-decoration:none;
}

.info a:hover{
  background: #B4CCB9;
}
```

2 ソースの貼り付け

HTMLは、221ページの手順⑩で作成した
サイドバーモジュールに上書きします。
CSSは、122ページの方法で「デザイン
CSS」に貼り付けます。

3 確認する

「お問い合わせフォーム」がボタンのような
表示になり、目立つようになりました。

⚙ お問い合わせフォームからメッセージが届いたら

お問い合わせが送信されると、フォーム画面の「回答」に送られます。ここから確認することもできますが、増えてくると見づらく管理もしづらいので、回答はGoogleスプレッドシートに表示されるようにしてみましょう。

フォーム画面右の➕をクリックして「新しいスレッドシートを作成」をチェックし、「お問い合わせ」等と名前を付けて「作成」をクリックします。スプレッドシートが開き、お問い合わせ内容が確認できるようになります。

これ以降は、お問い合わせがあれば自動的にスプレッドシートに貼り付けられます。

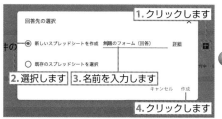

Zoom Googleスプレッドシートとは

これもGoogleが無料で提供をしているサービスの1つです。基本的にはほぼエクセルと同じように使えます。

Step 7-5

はてなブックマークを使う

はてなブックマークは、はてなブログと同じ、「はてなサービス」の中の１つの「オンラインブックマークサービス」です。オンラインブックマークサービスでは、オンラインにブックマークを保存・公開することで、多くのユーザーとお気に入りのWebページを共有でき、良質なページをより少ない時間で見つけられます。はてなブックマークは日本独自のサービスですが、日本国内で強い記事拡散の影響力を持っています。

はてなブックマークを見る

はてなブックマークのホームページ（https://b.hatena.ne.jp/）にアクセスすると、さまざまなジャンルの人気ページ（たくさんのはてなブックマークが付いたページ）が表示されています。だいたい、数個のはてなブックマークが付けば「新着」として紹介され、多くのはてなブックマークがつくと、「ホットエントリー」として紹介されます。このホットエントリーに入ると、多くの人の目に触れることになります。はてなブックマーク内に留まらず、TwitterなどのSNSで紹介されたり、ニュースサイトに表示されたりという流れも起こります。

はてなブックマーク（https://b.hatena.ne.jp/）

自分がブックマークしたページの確認はここから行います。

ブックマークされた数が表示されています。

はてなブックマークの注意点

はてなブログユーザーは、はてなアカウントを使用している人が多いので、他のブログサービスよりもはてなブックマークがつきやすいと言えますが、その影響力の恩恵にあやかりたいばかりに、間違った使い方をしないように気をつけましょう。気づかずにスパム行為等を行うことのないように、下記の注意事項にも目を通しておくとよいでしょう。

●はてなブックマークにおけるスパム行為の考え方および対応について
https://b.hatena.ne.jp/help/entry/spam

💡 気に入った記事にはてなブックマークを付ける

役立つ情報や参考になった記事、お気に入りの記事、後から読みたい記事等は、はてなブックマークしてみましょう。はてなブックマークは、タグを付けたり、コメントを書くことも可能です。

1 「はてなブックマーク」をクリック

ブックマークを付けたい記事の「はてなブックマーク」ボタンをクリックします。

2 「追加」する

タグとコメントを追加するウィンドウが表示されるので、必要な場合は入力します（書かなくてもブックマークできます）。タグを付けたい場合は「タグを追加する」をクリックし、キーワードを記入するとタグとして認識されます。「ブックマーク」をクリックするとブックマークの完了です。

非公開ではてなブックマークを付ける

はてなブックマークはブックマークした記事を他の人も見ることができます。ブックマークしたことを非公開にしたい場合は、ロックマーク🔒をクリックしてからブックマークを保存します。

ブックマークを共有する

ブックマークしたことをTwitterで共有したい場合はTwitterマーク🐦をクリックします。
この機能は、はてなブログまたははてなブックマークで各SNSと連携している必要があります（234ページ参照）。

💡 スマートフォンではてなブックマークを付ける

スマートフォンからもPCと同様の手順で、はてなブックマークを付けられます。
はてなブックマークボタンをタップし、次の画面で「ブックマーク」をタップします。
コメントなどを入力して、「B!ブックマークに追加」をタップします。

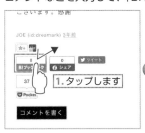  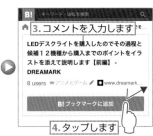

 はてなブックマークアプリ

はてなブックマークのスマートフォンアプリもあります。スマートフォンからはてなブックマークを使う際に便利です。

Step 7-6

 # はてなスターを使う

はてなブログには、他の人のブログに「スター」を付ける機能があります。「記事を読んだよ」「記事が良かったよ」などの意味合いでスターを利用します。記事を読んだら、はてなスターを付けてみましょう。スターをつけたことは相手にも伝わります。

他の人のブログにはてなスターを付ける

主に記事の下にスターを付けるボタンが付いています。クリックするとスターが光ります。

スターを取り消す

スターの横に付いている自分のアイコンの上にカーソルを合わせると❌マークが表示されるので、クリックするとスターを取り消すことができます。

Zoom スターの種類

スターにはカラーによる違いがあります。黄色のスターは無料で何個でも付けることができます。緑スター、赤スター、青スターは有料のスターになります。有料のカラースターはカラースターショップで購入することができます。

Zoom マナーを守りましょう

相手にお知らせが届くので、宣伝のための利用として、多くのブログを回って記事も読まずにスターを付ける人もいますが、そのような利用はしないで、ブログを読んだ後のアクションとして純粋に、マナーを守り使用するようにしましょう。

自分のブログ記事にスターが付いたら

自分の書いた記事にスターが付いたら、お知らせが届き、記事下にはスターを押してくれた人のアイコンが表示されます。一定数以上のスターが付くと、スター数は省略表示になります。

Step 7-7

 ## 読者登録を使う

お気に入りのブログや気になるブログ、参考になるブログ等があったら読者登録をしてみましょう。読者登録をすると相手にお知らせが届きます。また、「ダッシュボード」や購読中のブログで登録したブログの更新情報を見ることができます。

他の人のブログの読者になる

面白いと思ったブログの「読者になる」ボタンをクリックしてみましょう。
他のはてなユーザーのブログの読者になれます。

1 「読者になる」ボタンをクリックする

読者になりたいブログのプロフィールにある「読者になる」ボタンをクリックすると、「このブログの読者になる」と表示されます。「OK」をクリックします。

2 読者になった

読者登録できました。読者になると表示が変わり、「読者です」と表記されます。

読者をやめる

読者になる方法と同じ手順で、読者の解除ができます。
「読者です」ボタンをクリックし、「読者をやめる」をチェックして「OK」をクリックすると、読者をやめることができます。

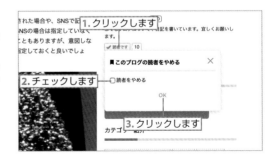

 スマートフォンの読者登録ボタン

スマートフォンの読者登録ボタンは画面上部か最下部の方にあります。
「読者になる」をタップして、画面が切り替わったら、「読者になる」をタップします。

① 読者登録しているブログを確認する

読者登録しているブログの更新情報は、「ダッシュボード」のトップページ（50ページ参照）、もしくは、「ダッシュボード」の「購読中のブログ」メニューから確認できます。

①「読者になる」ボタンの表示・非表示／記事中への設置

サイドバーのプロフィールには最初から「読者になる」ボタンが表示されています。非表示にしたい／再び表示したい場合は、プロフィールモジュールの編集から行います（101ページ参照）。
また、記事内に読者になるボタンを設置したい場合は、「ダッシュボード」▶「設定」▶「詳細設定」の最下部にある「読者になるボタン」のHTMLをコピーして、記事に貼り付けます（64ページ参照）。記事内でなくてもHTMLを記述できるところであれば、どこにでも表示できます。

Step 7-8

コメントを使う

はてなブログのコメント機能利用して、ブログを読んだ感想などを送ったり、自分のブログのコメントに返信したりして、コミュニケーションをとります。届いたコメントの削除やコメントの非表示などの設定については、57ページを参照してください。

他の人のブログにコメントする

他の人のブログを読んで、感想や質問があればコメントを書いてみましょう。
ほとんどの場合、コメント欄は記事の下についています。「コメントを書く」が表示されていないときは、ブログ管理者がコメントを許可していないため、コメントをすることができません。

1 「コメント書く」をクリックする

記事の下の「コメントを書く」をクリックします。

> **Zoom** はてなブックマークでコメントを書く
>
> はてなブックマークを使用したコメントもできます。はてなブックマークを使用した場合、コメントできる文字数は100文字という制限があります。質問がある場合や、コメントが長くなるときには通常のコメントを利用する方がいいでしょう。

クリックします

2 コメントを書く

コメント欄が出てくるので、入力ボックスにコメントを書いて「投稿する」をクリックします。

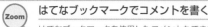

1. コメントを入力します
2. クリックします

3. コメントできました

> **Zoom** 宣伝は控えよう
>
> コメントを書くときのマナーとして、自分のブログの宣伝をする意図でのコメント欄利用は控えましょう。

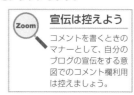

コメントに返信する

自分のブログにコメントがつくと、「あなたへのお知らせ（51ページ参照）」に表示されます。
はてなブログでは、返信するボタンなどがないので、相手のID(id:はてなID)を入力（コピー＆貼り付け）して返信します。
このようにすると相手にもお知らせが届き、反応があったことが確認できます。右のようにIDの部分がリンクになります。

Step 7-9

グループに参加する

はてなブログには、「はてなブロググループ」という、同じ趣味や話題を持っているブログ
同士のコミュニティがあります。グループに記事を投稿すると、参加しているグループ
ページに更新情報が表示されます。

はてなブロググループとは

はてなブロググループは、はてなブログ内で趣味や共通の話題をもっているブログ同士がつながれ
る場です。直接的な交流はできませんが、同じグループに入っていると、グループ内のブログの更
新記事が一覧で表示されるので、同じ話題の記事も探しやすくなります。

グループの種類

グループには、公式とはてなブログユーザーが作成したグループが存在します。

グループに参加しよう

はてなブログのグループページにアクセスして、興味あるキーワードでグループを探します。
キーワードが見つからない場合は、自分でグループを作成することもできます。

1 グループページを
開く

はてなブロググループのトップ
ページ（https://hatenablog.
com/g/）を開きます。

2 参加したい
グループを探す

はてなブロググループのトップ
ページのグループカテゴリーや
人気グループ等から参加したい
グループを探します。
参加したいグループが決まった
ら、クリックしてグループページへ行ってみましょう。
ここではライフスタイルを選び
ました。

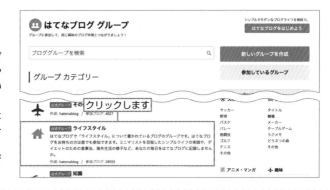

3 参加する

グループページが開くので、「グループに参加」をクリックします。
ダイアログボックスが表示されるので、「OK」をクリックします。

クリックします

クリックします

4 参加カテゴリーを選択する

オプションで自分のブログのカテゴリーの中からグループに参加するカテゴリーを選ぶことができます。
すべてのカテゴリーを選びたい場合は「指定しない（デフォルト選択）」を選びます。
これで、グループへの参加ができました。

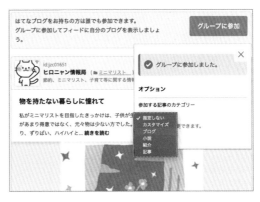

5 参加グループを確認する

「ダッシュボード」を開き（50ページ参照）、「グループ」をクリックすると、参加しているグループが表示されます。
記事を投稿すると、参加グループのページに投稿の更新情報が表示されています。

更新情報が表示されます

1.クリックします　2.確認できます

自分でグループを作る

ブログメンバーから「新しいグループを作成」をクリックすると、自分でグループを作成できます。
次の画面でグループ名、グループの説明文、カテゴリー、グループのアイコン、グループに紐付けるブログを記入、選択します。

Step 7-10

お題に参加する

はてなブログには、「今週のお題」という企画があり、多くの利用者が参加しています。記事の題材に困ったときなどは、お題に参加してみましょう。

今週のお題に参加する

お題は毎週木曜日に更新され、2週間の受付期間があります。また、お題に参加すると、はてなブログのTOPページやお題の特集ページにも表示されるので、人の目に触れる機会も多くなります。記事の題材に迷ったときは、お題があると書きやすいので、参加してみましょう。

1 お題をクリック

記事の編集画面を開きます。
ツールメニューの下にある「お題（画像では"遠くへ行きたくなってきた"」をクリックすると、記事の編集画面が開きます。
本文には、今週のお題「お題」と表示されています。この状態で記事を書いていき、公開するとお題に参加できます。公開設定を「すべての人に公開」している必要があります。

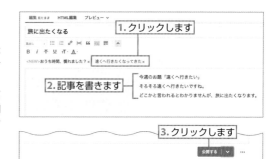

2 参加できているか確認する

「今週のお題」ページが開きます。「はてなブログからの応募記事一覧」で参加していることを確認できます。

今週のお題URL
https://blog.hatena.ne.jp/-/campaign/odai

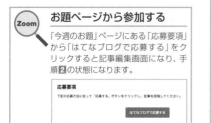

お題ページから参加する

「今週のお題」ページにある「応募要項」から「はてなブログで応募する」をクリックすると記事編集画面になり、手順 2 の状態になります。

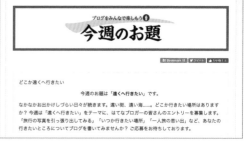

Part 8

SNSとの連携

ブログに訪れるユーザーは、検索エンジンからだけではありません。とくにSNSからのアクセスは、ときに検索エンジン以上の集客があります。はてなブログとSNSをうまく連携させ、より多くの集客を目指しましょう。

Step 8-1

Twitterを連携させる

はてなブログとTwitterのアカウントを連携させると、ブログ記事のシェアを簡単に行え
たり、ブログにフォローボタンを設置できたりと、便利な機能を使えるようになります。

はてなブログとTwitterを連携させる

はてなブログとTwitterやFacebookのアカウントを連携させてみましょう。

1 SNSにログインしておく

連携の前の準備として、Twitterにログイン
しておきます。

2 連携設定を「有効にする」

「ダッシュボード」を開き（50ページ参照）、サイドバメニューの「アカウント設定」をクリックして「外部
サービス連携」タブを開きます。
「Twitter連携設定」にある「有効にする」をクリックします。

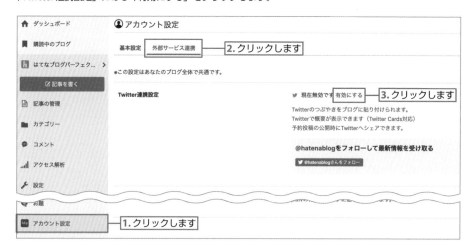

3 Twitterと連携する

認証画面が表示されるので、「連携アプリを認証」をクリックします。

4 確認する

「ダッシュボード」に戻り、「Twitter連携設定」が「現在有効です」と表示が変わっていたら連携完了です。連携しているTwitterのアカウントも確認できます。

連携を解除するには

Twitterの連携設定欄の「連携を解除する」からアカウントの連携を削除できます。
確認画面が表示されるので、再度「OK」をクリックすると認証が削除されます。

Step 8-2

記事をSNSにシェアする

234ページの方法で、TwitterやFacebookアカウントをはてなブログに連携させておけば、SNSへのお知らせの投稿が簡単です。はてなブログを更新したら、フォロワーに教えてあげることで、アクセスが集まりやすくなります。

投稿直後にシェアする

記事投稿のあと、更新のお知らせをTwitterやFacebookに投稿します。

更新のお知らせをTwitterに投稿する

ブログ記事投稿後の画面で投稿フォームが表示されているので、必要に応じて文章を追記して「ツイート」をクリックします。これでTwitterに記事が投稿されます。

Facebookページで更新情報をシェアする

個人のFacebookやFacebookページは、はてなブログと連携できません。個人のFacebookやFacebookページにはてなブログを投稿したいときは、手動でシェアする必要があります。

1 「管理しているページでシェア」を選択する

ブログ記事投稿後の画面で「Facebook」の「シェア」をクリックします。

2 投稿する

「Facebookに投稿」ウィンドウが開くので、「管理しているページでシェア」を選択します。投稿先のFacebookページを選択し、「次の名前で投稿」でFacebookページのアイコンを選択します。
コメントがあれば「何か書く…」の部分に入力し、最後に「Facebookに投稿」をクリックします。

本名を選択しないように注意する

「次の名前で投稿」でFacebookページのアイコンを選択していることを確認してから投稿しましょう。ここで個人アカウントの名前を選択してしまうと、Facebookページに個人アカウント名が表示されてしまいます。

3 Facebookページを確認

Facebookページを確認すると、先ほどの更新情報がシェアされているのが確認できます。
これで、Facebookページへのシェアが完了しました。

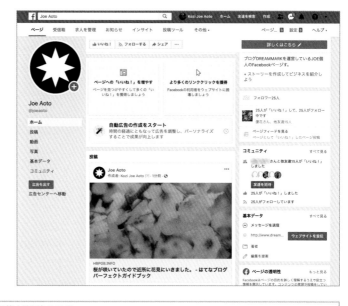

アイキャッチ画像が投稿される

Facebookページへ記事をシェアすると、アイキャッチ画像が自動的にタイムラインに表示されます。画像の大きさによって、表示される画像が大きくなったり小さくなったり、自動的に変わります。
アイキャッチ画像については、31ページを参照してください。

Step 8-3

 # Feedly ボタンを設置する

Feedlyは、更新情報をまとめて見ることができるRSSリーダの1つです。自分のブログをFeedlyに登録してもらうために、登録ボタンをブログに設置しておきましょう。

Feedlyとは

「Feedly」は、無料RSSリーダの1つです。お気に入りのブログが複数あった場合、通常1つひとつのブログにアクセスして更新をチェックする必要がありますが、RSSリーダーを使えば、1か所でまとめて更新をチェックできるようになります。このようなRSSリーダーサービスは数多くありますが、その中でも利用者が特に多いのが「Feedly」です。

お気に入りのブログが複数あった場合

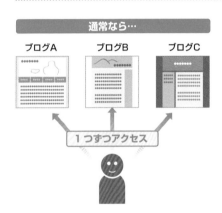

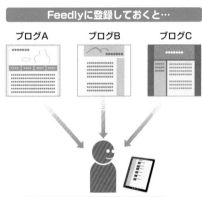

自分のブログを「Feedly」に登録してもらえるということは、読者につねに更新をチェックしてもらえるということです。できるだけ、たくんさんの人に「Feedly」でフォローしてもらいましょう。そのためには、「Feedly」への登録のボタンを自分のブログに設置します。
このボタンから簡単に「Feedly」に登録してもらえるので、ぜひ設置しておきましょう。

 RSSとは
RDF Site Summary（RSS1.0）、really simple syndication（RSS 2.0）の略。主にニュース配信やブログやウェブサイトの更新情報を配信するのに使われています。

 ブラウザやスマートフォンアプリから使える「Feedly」
Feedlyは、Webブラウザ、スマートフォンアプリなどで使用できます。登録しているブログは同期されるので、どの端末からもお気に入りのブログの更新をチェックできます。

ⓘ Feedly ボタンの設置

Feedlyの登録ボタンは、はてなブログの機能から設置できないので、自分で設置します。
設置するボタンやコードは、Feedlyの公式Webサイトから用意します。

1 FeedlyのWebサイトを開く

Feedly（https://www.feedly.com/factory.html）にアクセスします。

2 ボタンのデザインを選ぶ

「Select your design」からボタンのデザインを選択します。

3 URLを記入する

「Insert your feed URL」に自分のブログのURLに「feed」を足したものを記入します。

例：
「https://hbpgb.hatenablog.com/feed」

4 コードをコピーする

「Copy and embed the HTML code snippet」に記述されているコードをコピーします。

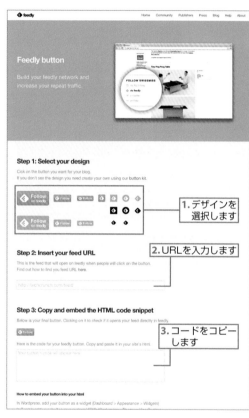

1. デザインを選択します

2. URLを入力します

3. コードをコピーします

5 モジュールを追加する

はてなブログのサイドバーモジュールの追加画面を開きます（96ページ参照）。

6 コードを貼り付ける

「HTML」を選択して、手順4のコードを貼り付け、「適用」をクリックします。
次の画面で「変更を保存」をクリックします。

1. クリックします

2. コードを貼り付けます

3. クリックします

モジュールの位置

モジュールの位置はどこでもかまいませんが、プロフィールの下辺りに表示するとわかりやすいのでおすすめです。

7　確認する

ブログにFeedlyのボタンが表示されているのを確認します。これでFeedlyの設定の完了です。
FeedlyのボタンをクリックするとFeedlyの追加画面が開き、ブログの更新情報が表示されます。
※ Feedlyのユーザーではない場合、更新情報は表示されません。

スマートフォンデザインにFeedlyボタンを貼り付ける

スマートフォンデザインにもFeedlyボタンを設置してみましょう。
スマートフォンの場合は、記事下に設置すると見やすくなります。239ページの方法でFeedlyボタンを作成
し、「サイドバー」メニュー▶「デザイン」▶「スマートフォン」タブ ▶「記事」▶「記事下」に貼り付け
ます（109ページ参照）。「変更を保存する」をクリックして、確認します。

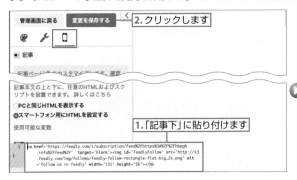

Feedlyを自分で使うには

ブログにFeedlyボタンを設置するのに、Feedlyへの登録は必要ありませんが、便利なサービスなので、ブログをよ
く読む人はぜひ使用してみてください。Feedlyは、新規にアカウントを作成するほか、Google ID、Facebook ID、
TwitterID等でログインすることができます。

● 登録する

Feedly（https://feedly.com/）にアクセスをします（もし
くは、自分のFeedlyボタンをクリックしても同じ画面になり
ます）。「GET STARTED FOR FREE」ボタンから登録しま
す。どのIDでログインするか表示され、Twitterなどのアカウ
ントを使ったアカウント作成もできます。

● Feedlyにサイトを追加する

サイトに設置されたFeedlyボタンをクリックすると、そのサ
イトの更新情報が表示されます。緑の「FOLLOW」ボタンか
ら、ブログをFeedlyに追加できます。

Step 8-4

Facebookページの登録ボタンを設置する

Facebookページを持っていることを知らせるために、はてなブログに登録ボタンを配置してみましょう。

● Facebookページの登録ボタンとは

Facebookページ登録ボタンは、Facebookページ、いいねボタンやシェアボタンをグラフィカルに表示できる機能です。

サイドバーなどのHTMLが使える部分に表示をさせておくと、Facebookページに直接訪れなくても、ブログ上でFacebookページへの登録ができます。

Facebookページ登録ボタン

● Facebookページの登録ボタンを作る

登録ボタンはDevelopersページで作成します。

1 Developersページに行く

Developers(https://developers.facebook.com/) にアクセスし、「ドキュメント」をクリックします

2 「Social Plugins」を選択

「ソーシャル総合」カテゴリーから「Social Plugins」をクリックします。

3 「ページプラグイン」を選択

左メニューから「ページプラグイン」をクリックします。

ページプラグインページ

https://developers.facebook.com/docs/plugins/page-pluginを直接記入してもアクセスできます。

ソーシャルプラグイン

Facebookの友達がウェブ上で何に「いいね！」をし、シェアし、コメントしたかをチェックします。

クリックします

・グループプラグイン
・保存ボタン
・「いいね！」、シェア、送信、引用
・埋め込みの投稿と動画プレイヤー
・ページプラグイン
・コメント
・参考情報 - Messengerプラグイン

（左メニュー）
ソーシャルプラグイン
コメント
埋め込みコメント
埋め込み投稿
埋め込み動画
グループプラグイン
いいね！ボタン
ページプラグイン
引用プラグイン
保存ボタン
シェアボタン
oEmbedエンドポイント
子供向けサイト
よくある質問
廃止

4 ページプラグインの作成

FacebookページのURL、幅と高さ、タブ、カバー写真の大きさと有無などを設定し終えたら、「コードを取得」をクリックします。ここではURLを入力し、timelineは表示しないので消去しています。

Facebookページのタイムラインを表示する

Facebookページのタイムラインを表示させたい場合は、タブの部分に「timeline」と記入すると、Facebookページの登録ボタンに下にタイムラインを表示できます。

幅と高さ
表示させる幅や高さを記入します。幅と高さを記入しない場合は、幅340、高さ500となります。

FacebookページのURL
FacebookのURLを記入します。

タブ
タイムラインを表示するかしないかを選びます。表示する場合はそのままtimelineと表示させておいてください。タイムラインを表示させない場合は、timeline を BackSpace キーや Delete キーで消します。

スモールヘッダーを使用
カバー写真を設定している場合は、ヘッダーに画像を適用できます。スモールヘッダーを使用すると、プラグインのヘッダー画像が小さくなります。

カバー写真を非表示にする
チェックを付けるとカバー写真は表示されません。

友達の顔を表示する
Facebookページに「いいね！」をしてくれたユーザーの写真がランダムに表示されます。表示しない場合はチェックを外します。

plugin containerの幅に合わせる
plugin containerの幅に合わせるにチェックを入れておくと、ブログで設定している幅で自動的にプラグインの幅を調整してくれます。スマホ等でも自動調整してくれるので基本的にチェックを入れておきましょう。

5 ページプラグインの作成

コードが表示されます。両方ともコピーして
テキストエディタ等に貼り付けておきます。

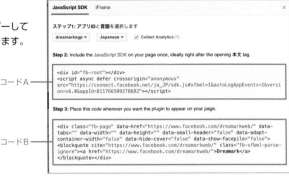

コードA

コードB

6 はてなブログ設定画面で
コードを貼り付ける

はてなブログに戻ります。
「ダッシュボード」▶「設定」▶「詳細設定」
▶「headに要素を追加」を開きます（212
ページ参照）。
手順5のコードAを貼り付け、「変更する」を
クリックします。

1.貼り付けます

2.クリックします

7 HTMLモジュールを追加して
コードを貼り付ける

サイドバーモジュール追加画面を開きます
（96ページ参照）。「HTML」を選択して、手
順5のコードBを貼り付けます。
「適用」をクリックして保存します。

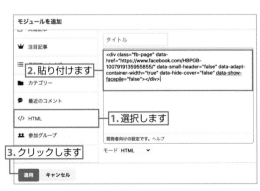

2.貼り付けます

1.選択します

3.クリックします

Part8

Feedlyなどをサイドバーに貼り付けている場合

Feedlyボタンなどを、すでにサイドバーに貼り付けている場合は、そのモジュールの上下に手順 **7** のコードを貼り付けます。

8 ブログを確認する

Facebookページのボタンの設置が完了しました。ブログを確認してみましょう。

設置されました

スマートフォンデザインにFacebookページの登録ボタンを貼り付ける

スマートフォンデザインにもFacebookページの登録ボタンを設置できます。
スマートフォンの場合は、記事下やフッタに設置すると見やすくなります。
「サイドバー」メニュー▶「デザイン」▶「スマートフォン」タブ▶「記事」▶「記事下」に貼り付け（109ページ参照）、「変更を保存する」をクリックして確認します。

2.クリックします

1.貼り付けます

Step 8-5

Twitterのタイムラインをブログに表示させる

Twitterに投稿したタイムラインをブログに表示させます。

Ⓘ SNSのタイムラインの設置

SNSのタイムラインをサイドバーなどに貼り付けることができます。訪れてくれた人は、ブログ上でTwitterやFacebookのタイムラインを見ることができます。

タイムラインの表示には「いいね」ボタンも付いており、また、フォローするボタンなども表示されるので、ブログに設置しておくとフォロワーと繋がりやすくなります。

サイドバーにTwitterのタイムラインを表示

Twitterのタイムラインを表示させる

Twitterのタイムラインを表示させます。作業に入る前に、Twitterにログインしておきましょう。

1 タイムライン作成画面

Twitterのタイムライン作成画面（https://publish.twitter.com/）にアクセスし、自分のTwitterのURLを入力し入力欄右端にある→をクリックします。

What would you like to embed?

https://twitter.com/hbpgb1

1.入力します　2.クリックします

Zoom ツイッターのアカウント

https://twitter.com/の後に自分のTwitterアカウントをつけたものです。
例：https://twitter.com/hbpgb1

2 タイムラインを選択する

表示が切り替わるので、左側の「Embedded Timeline」をクリックします。

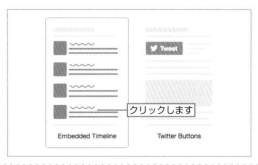

Tweet

クリックします

Embedded Timeline　　Twitter Buttons

3　コードをコピーする

コードが表示され、下にはプレビューが表示されます。「Copy Code」をクリックしてコードをコピーします。

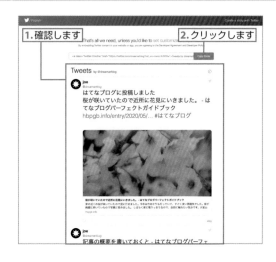

細かい設定をするには

「set customization options」をクリックすると、オプション設定画面が開きます。リンクカラーなどを変更しない場合は、変更の必要は特にありません。Twitterのタイムラインを貼り付けたときに縦に長過ぎる場合は、Height（px）に値を入力します。大体300〜500位で丁度いい感じになります。

4　はてなブログに貼り付ける

はてなブログでサイドバーモジュールの追加画面を開きます（96ページ参照）。「HTML」を選択して手順3のコードを貼り付け、「適用」をクリックします。

5　確認する

プレビューでTwitterのタイムラインが表示されているのを確認したら、「変更を保存する」をクリックすると、Twitterのタイムラインがブログに表示されます。

Part 9

広告やアフィリエイトで報酬を得る

はてなブログで広告やアフィリエイトを利用して、報酬を得ることができます。
登録や設置の方法からプライバシーポリシー記述まで、アフィリエイトの基本を学んでいきましょう。

本Partで使用するコードのうち、Sampleナンバーが付いているものは、サポートページよりダウンロードできます。詳しくは、8ページを参照してください。

ここがSampleナンバー　Sample 000

Step 9-1

 # はてなブログで広告収入を得る

はてなブログには、商品紹介のアフィリエイト広告を記事の中に貼ることができる機能があります。また、Google AdSenseの表示も可能です。まず、ブログに掲載できる広告とは何かを知っておきましょう。

広告・アフィリエイトの種類

自分のブログに貼った広告リンクから商品が売れたり、その広告がクリックされたら報酬や紹介料がもらえる仕組みを「広告」「アフィリエイト」といいます。

広告・アフィリエイトにはいくつかの種類が存在しますが、大きく2つの種類に分けられます。

タイプ① 成功報酬型広告

紹介した商品が売れると、紹介料をもらえるタイプのアフィリエイトです。

紹介料はカテゴリーや商品毎に違いますが、平均的には2%〜10%くらいの報酬です。広告として紹介する商品を自分で選ぶことができるので、好きな商品を宣伝できます。はてなブログでは、「Amazonアソシエイト」や「iTunesアフィリエイト」「楽天アフィリエイト」の商品との連携機能があります。

・その他に有名なアフィリエイトサービス
　ValueCommerce・A8.net

WordPress Perfect GuideBook 4.x対応版
作者: 佐々木恵
出版社/メーカー: ソーテック社
発売日: 2015/01/30
メディア: Kindle版
この商品を含むブログを見る

タイプ② クリック報酬型広告

広告を表示し、その広告がクリックされたときに報酬をもらうことができます。設置しておけば、クリックされるだけで報酬がもらえるので、初心者にもおすすめです。

報酬は1クリックで数円から数百円が平均的です。広告は基本的には、主にサイトやユーザーに関連性の高い広告を自動的に表示してくれます。

・有名なクリック報酬型広告サービス
　Google AdSense

 広告の貼り過ぎに注意

テレビを見ているときに、CMばかり流れるとチャンネルを変えてしまうのと同じで、アフィリエイトの報酬を狙うあまり、ブログに多くの広告を貼り付けてしまうのは、逆に記事を見てくれるお客さんの気持ちを離してしまうことになります。それよりもアクセスを増やすことで、広告報酬が増えてきます。

Step 9-2

Google AdSenseを利用する

「クリック報酬型広告」の代表である「Google AdSense」の広告をブログに表示してみましょう。Google AdSense登録し、はてなブログと連携させ、ブログに貼り付けるという手順になります。

🖋 Google AdSenseとは

Google AdSenseは、クリック報酬型広告です。ブログに広告を表示させ、クリックされたときに報酬をもらえるシステムです。広告はサイトとの関連性やユーザーの興味と連動しているものが多くなっています。一度広告を貼ってしまえば、後は自動で広告が切り替り、管理も楽なので、初心者にもおすすめです。

報酬は銀行振り込みで振り込み手数料は無料。確定額が8,000円を超えた翌月末に振り込まれます。

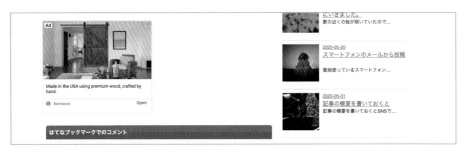

無料ドメインでの登録

Google AdSenseでの登録は独自ドメインが推奨されています。しかし、無料ドメインで登録した場合でも審査を通過している例もあります。1つのブログが登録された後は、無料ドメインのブログを2つめのブログとして追加登録できます。最初の登録申請は、独自ドメインを設定しているブログが推奨されています。

AdSenseへの登録は18歳以上から

Google AdSenseへの登録条件は、18歳以上でGoogleIDが必要になります。詳しくは、AdSense利用規約をお読みください。

● **Google AdSense オンライン利用規約**

https://www.google.com/adsense/localized-terms?rc=JP

Zoom Google AdSenseのポリシー

利用する前にGoogle AdSenseのポリシーを読んでおきましょう。

・AdSense プログラム ポリシー
https://support.google.com/adsense/answer/48182?hl=ja&ref_topic=1261918&rd=1

---

⑨ Step1 Google AdSenseに登録する

Google AdSenseに登録します。参加するには、広告を設置するブログの審査があります。
作ったばかりでコンテンツがないブログは審査がおりないので、ある程度記事を書いてから参加してみましょう。

1 AdSenseにアクセスする

Google AdSense（https://www.google.com/adsense/start/）にアクセスし、「ご利用開始」をクリックします。

1.Google AdSenseにアクセスします

2 ブログURLとメールアドレスを入力する

ブログのURLとメールアドレスを入力し、情報の受け取りの有無にチェックして、「保存して次へ」をクリックします。
※ブログのURLには、取得したドメインは「https」は入りません。取得ドメインのみを入れてください。例：「hbpgb.info」

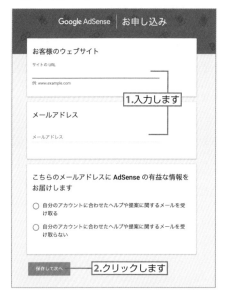

3 国を選択して利用規約に同意する

国または地域を選択して利用規約を読み、「はい、利用規約を確認し、内容に同意します。」をチェックすると、「アカウント作成」がアクティブになるのでクリックします。

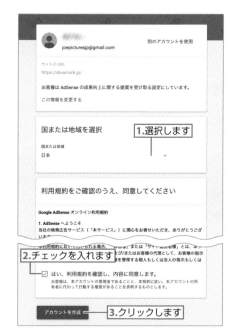

4 登録情報を入力する

「次へ進む」をクリックして必要情報を入力し、「送信」をクリックします。

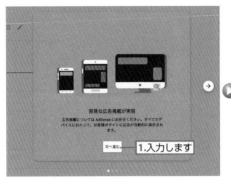

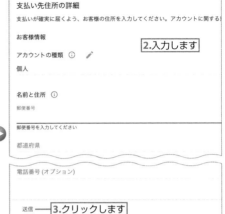

5 電話番号の確認

ショートメッセージサービス (SMS) や通話にて電話番号の確認を行います。ショートメッセージサービス (SMS) をチェックし「確認コードを取得」をクリックします。

6 確認コードを入力する

ショートメッセージサービス (SMS) に届いた確認コードを入力すると、送信ボタンがアクティブになるので、「送信」をクリックします。

7 AdSenseコードをコピーする

記載されている「AdSenseコード」をコピーします。

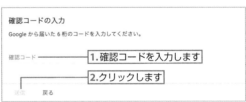

サイトを AdSense にリンク

コピーして貼り付けるだけの簡単な手順です。

❶ 下のコードをコピーしてください
❷ https://dreamark.jp の HTML の \<head\> タグと \</head\> タグの間に貼り付けます
❸ 完了したら、チェックボックスをオンにして [完了] をクリックしてください

WordPress をお使いの場合、 AdSense コードの追加について詳しくはヘルプをご覧ください。

サイトの URL
https://dreamark.jp ✎

AdSense コード

```
<script data-ad-client="ca-pub-9586534149084550" async src="https://pagead2.googlesyndication.com/pagead/js/adsbygoogle.js"></script>
```

コピーします

8 はてなブログに貼り付ける

一度はてなブログに戻り、「ダッシュボード」 ▶ 「設定」 ▶ 「詳細設定」 をクリックします。
「head に要素を追加」に先ほどの「AdSense コード」を貼り付けて、「変更する」をクリックします。

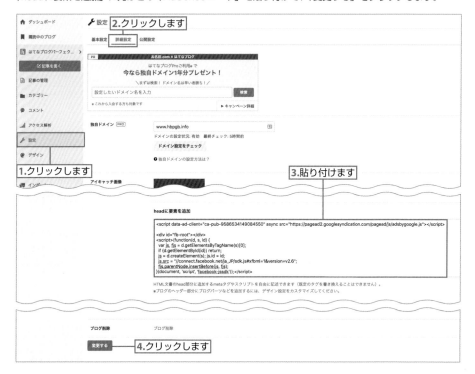

9 完了する

AdSense 登録画面に戻り、「サイトにコードを貼り付けました」にチェックを入れて「完了」をクリックすると、コードの確認結果が表示されます。

10 コードが確認される

「コードが見つかりました」と表示されれば完了です。

11 審査を待つ

審査が終わるまでしばらく待ちます。審査にはおよそ1日前後かかります。
審査に通貨すると、登録メールアドレスにメールが届きます。

コードが見つかりました　　×

これで、アカウントを有効にする処理を開始できます。この処理は通常1日足らずで終わりますが、もっと長くかかる場合もあります。すべての準備が整った時点でメールでお知らせいたします。

閉じる

サブドメインでAdSenseの審査を受ける場合

1 ブログURLとメールアドレスを入力する

ブログのURLとメールアドレスを入力し、情報の受け取りの有無にチェックして、「保存して次へ」をクリックします。

※サブドメインを指定する場合は、「https://」を含む、すべてのドメインを入力します。例「https://www.hbpgb.info」

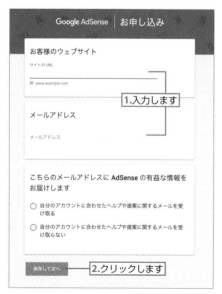

2 国を選択し利用規約に同意する

国または地域を選択し、利用規約を読んで、「はい、利用規約を確認し、内容に同意します。」をチェックすると、「アカウントを作成」がアクティブになるのでクリックします。

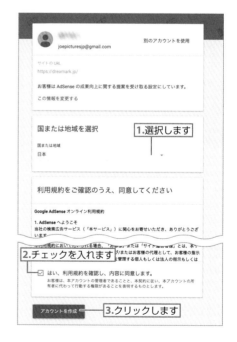

3 登録情報を入力する

「次へ進む」をクリックして必要情報を入力し、「送信」をクリックします。

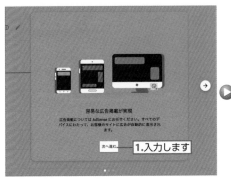

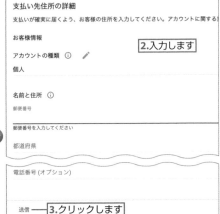

4 電話番号の確認

ショートメッセージサービス（SMS）や通話にて電話番号の確認を行います。ショートメッセージサービス（SMS）をチェックし「確認コードを取得」をクリックします。

5 確認コードを入力する

ショートメッセージサービス（SMS）に届いた確認コードを入力すると送信ボタンがアクティブになるので、「送信」をクリックします。

6 AdSenseコードを コピーする

記載されている「AdSenseコード」をコピーします。

サイトを AdSense にリンク

コピーして貼り付けるだけの簡単な手順です。

❶ 下のコードをコピーしてください
❷ https://dreamark.jp の HTML の \<head> タグと \</head> タグの間に貼り付けます
❸ 完了したら、チェックボックスをオンにして [完了] をクリックしてください

WordPress をお使いの場合、AdSense コードの追加について詳しくはヘルプをご覧ください。

サイトの URL

https://dreamark.jp

AdSense コード

```
<script data-ad-client="ca-pub-9586534149084550" async src="https://pagead2.googlesyndication.com/pagead/js/adsbygoogle.js"></script>
```

コピーします

7 はてなブログに貼り付ける

はてなブログに戻り、「ダッシュボード」▶「設定」▶「詳細設定」をクリックします。
「headに要素を追加」に先ほどの「AdSenseコード」を貼り付けて、「変更する」をクリックします。

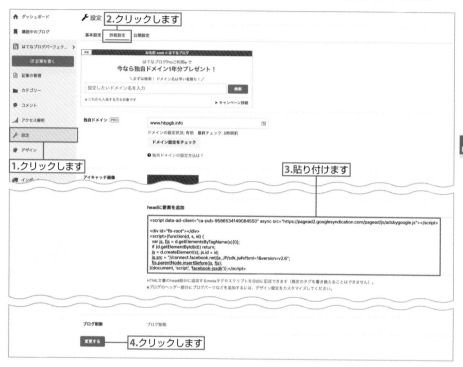

8 URL転送設定

上部メニューより「ドメイン設定」を選択し、ネームサーバーの設定から「DNSの設定/転送設定」をクリックします。

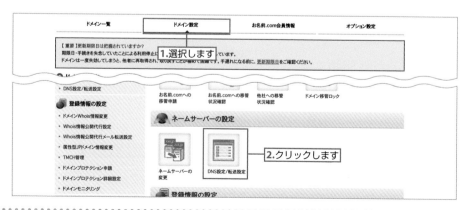

9 ドメインを取得したサイトへ

このままでは AdSense でコードの確認ができないので、いったんドメインを取得したサイトに移動します。ここでは、お名前.com（https://navi.onamae.com/top）を使用します。「お名前.com」のURL転送設定サービスはオプションで100円（税別）／月かかります。「お名前.com Navi」のトップ画面から「DNSレコードを設定する」をクリックして、画面が変更されたらドメインを選択して「次へ」をクリックします。

10 申し込みする

転送設定をするにはオプションに申し込む必要があるので、「お申込み」をクリックします。
お支払い方法を選択して、「次へ」をクリックします。

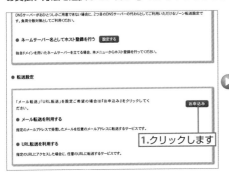

11 規約に同意して申し込む

「利用規約に同意し、上記内容を申し込む」を
クリックします。

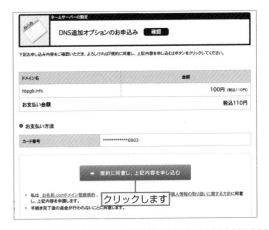

12 URL転送へ

申込み完了画面になるので、「URL転送」をクリックします。

13 新規追加

「転送情報」の項にある「新規追加」をクリックします。

14 転送情報設定

転送元URLは何も記入しないでください。
転送先URLの「https://」を選択します。
取得した独自ドメインを記入して、「保存する」をクリックします。
これで、転送設定が完了です。

 リダイレクト

この転送設定（「リダイレクト」とも呼びます）では、「http://hbpgb.info」にアクセスがあった場合、「https://www.hbpgb.info」に転送する設定です。

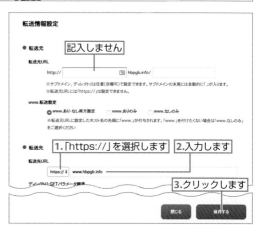

15 完了する

AdSense登録画面に戻り、「サイトにコードを貼り付けました」にチェックを入れて「完了」をクリックすると、コードの確認結果が表示されます。

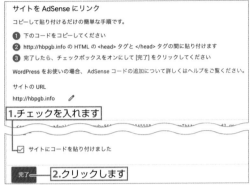

1.チェックを入れます

2.クリックします

16 コードが確認される

「コードが見つかりました」と表示されれば完了です。

17 審査を待つ

審査が終わるまでしばらく待ちます。審査にはおよそ1日前後かかります。
審査に通貨すると、登録メールアドレスにメールが届きます。

⟨Step2⟩ 広告ユニットを作成し広告を配置する

AdSenseの審査に合格したら、実際に広告ユニットをブログに配置します。

1 新しい広告ユニットを作成する

AdSenseトップ画面の左サイドバーメニューから「広告」をクリックし、続けて「サマリー」をクリックします。「広告ユニットごと」のタブをクリックし「ディスプレイ広告」をクリックします。

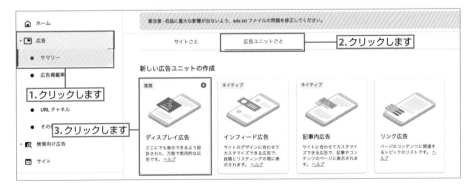

1.クリックします

2.クリックします

3.クリックします

2 広告サイズとタイプを選択

広告の名前を入力し、広告サイズを選択します。ここではサイズを自由に変更してくれる「レスポンシブ」を選択し、広告の形を選択し「作成」をクリックします。

1.名前を入力します

2.「レスポンシブ」を選択します

3.広告のタイプを選択します

4.クリックします

Part 9

 Zoom 広告ユニットの種類

AdSenseの広告サイズと広告タイプについては、263ページを参照してください。

Zoom 広告ユニットは貼り付ける場所ごとに作る

AdSenseの広告を貼る場所をサイドバーや記事下等に貼る場合には、場所毎に広告ユニットを作成しておくことで、パフォーマンスレポートからどの広告ユニット（場所）がクリックされているかがわかるので、便利です。同じ理由で、PCとスマートフォンでも分けておくとよいでしょう。

3 コードをコピーする

広告ユニットのコードが表示されるので、コードをコピーして「完了」をクリックします。

1.クリックしてコードをコピーします

2.クリックします

Zoom コードがわからなくなったときは

広告ユニットに戻ると作成したユニットが表示されているので、「コードを取得」をクリックすると広告コードが表示されます。

① Step3 はてなブログとGoogle AdSenseを連携させる

はてなブログとGoogle AdSenseを連携させてみましょう。
連携には、AdSenseのサイト運営者IDが必要になります。

1 運営者IDを確認する

Google AdSenseにログインしたらサイドバーの「アカウント」をクリックして、「設定」▶「アカウント情報」をクリックします。
メイン画面に表示されている「サイト運営者ID」をコピーしておきます。

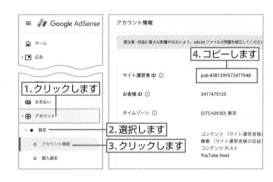

2 はてなブログで設定をする

はてなブログで「ダッシュボード」を開き（50ページ参照）、「アカウント設定」を選択します。
「AmazonアソシエイトID」の「変更する」をクリックします。

> **Zoom　なぜAmazonを選択するの？**
> AmazonアソシエイトIDの設定画面にAdSenseを登録する画面も表示されます。

3 IDを貼り付ける

Google AdSenseIDの入力フォームに手順①でコピーしたサイト運営者IDを貼り付け、「変更する」をクリックします。
これで、はてなブログとGoogle AdSenseの連携が完了です。

> **Zoom　広告配置に関するポリシー**
> AdSenseを配置する際の注意事項等が書いてあります。読んでおきましょう。
> ・広告の配置に関するポリシー
> https://support.google.com/ad
> sense/answer/1346295?hl=ja

(!) Step4 はてなブログに広告を貼る

最後に、はてなブログにGoogle AdSense広告を貼り付けましょう。

サイドバーに広告を貼り付ける

サイドバーモジュールの追加画面を開き（96ページ参照）、「HTML」を選択、広告コードを貼り付けます。「適用」をクリックすると、プレビューに黄色い枠が表示され、広告が貼り付けられることを確認できます。「変更を保存する」をクリックして、ブログに適用させると完成です。

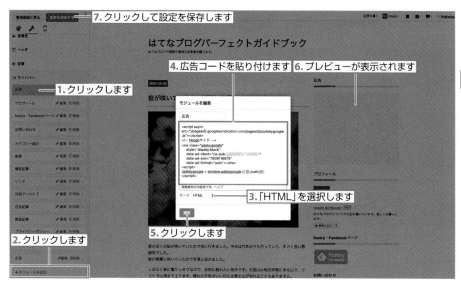

記事に広告を貼り付ける

記事に広告を貼り付ける場合は、カスタマイズ画面で「記事」をクリックし、記事プレビューに切り替えます（90ページ参照）。

ここでは、記事下にコードを貼り付けました。「適用」をクリックし、保存すると記事内にAdSense広告が表示されます。

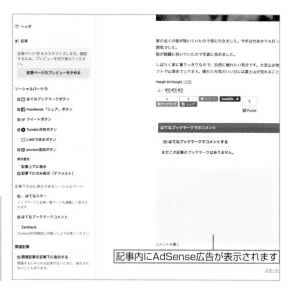

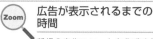

Zoom | **広告が表示されるまでの時間**

新規の広告ユニットを作成すると、表示されるまでに少し時間がかかります。大体数分から数時間で表示されます。

広告であることがわかるようにする

広告の上には、「広告」や「スポンサーリンク」などの表記をします。広告かブログ内のコンテンツやリンク判断をしづらい場合には、必ず表記する規則があります。

すべての広告に表記することに問題はないので、特に理由がなければすべての広告に表記するようにしておくとよいでしょう。

スポンサーリンク

一目で広告とわかるように表記します

⑪ Google AdSense をスマートフォンデザインに設置する

「ダッシュボード」▶「デザイン」▶「スマートフォン」タブ🔲を開きます（105ページ参照）。「記事」▶「記事プレビュー」をクリックして、「記事下」に AdSense のコードを貼り付けます。

広告の上部には改行タグを使って「広告」と表記します。保存して確認します。

Sample　262

```
広告
<br>
<AdSense広告コード>
```

1. クリックします

2. クリックします

3. クリックします

4. コードを貼り付けます

5. 入力します

```
 1   広告
 2   <br>
 3   <script async src="https://pagead2.googlesyndication.com/pagead/js
     /adsbygoogle.js"></script>
 4   <ins class="adsbygoogle"
 5       style="display:block"
 6       data-ad-client="ca-pub-4381299572477948"
 7       data-ad-slot="1568128585"
 8       data-ad-format="auto"
 9       data-full-width-responsive="true"></ins>
10   <script>
11       (adsbygoogle = window.adsbygoogle || []).push({});
12   </script>
```

6. 保存して確認します

⚓ Google AdSense広告の広告タイプと設置数について

Google AdSense広告の種類と、はてなブログへの設置数をみてみましょう。

Google AdSense広告タイプ

Google AdSenseの広告には、「ディスプレイ広告」「リンク広告」「検索ボックス」「記事内広告」「インフィード広告」の5種類があります。

記事内広告
イメージやテキスト広告が表示されます。記事作成のHTML編集でAdSenseコードを貼り付けることによって、本文に広告を表示することができます。

検索ボックス
ブログ内検索や、Google全体の検索などを選んで設置できます。検索結果に表示される広告がクリックされたら報酬が発生します。

リンク広告
ブログや記事と関係するキーワードが表示されます。キーワードがクリックされると、広告対象のページへのリンクが開き、そこで広告がクリックされたら報酬が発生します。

ディスプレイ広告
イメージやテキスト広告が表示されます。広告の大きさも多数あり、1回のクリックで報酬が発生します。

🔍 Zoom インフィード広告について

インフィード広告は記事一覧に表示できるタイプの広告です。はてなブログではそのまま表示ができません。カスタマイズをする必要があるので、詳しく知りたい方は「**はてなブログ インフィード広告**」などで検索してみてください。

広告の設置数

現在Google AdSense広告の設置数に上限はありません、1つでもたくさん入れてもかまいません。しかし、あまり広告の多いページは見づらいです。そうするとユーザーはブログの記事を読まずに帰ってしまいます。そのため、適度に広告を表示するのがベストです。
例えば、記事の上、記事の中、記事の下のようなバランスがよいでしょう。

Google AdSense プライバシーポリシーを設置する

ブログには、AdSenseを利用していることを記載する必要があります。ここでは、プライバシーポリシーの作成のコツと例題をご紹介します。

AdSenseはユーザーのアクセス情報を利用して、ユーザーやブログに適した情報を得て、広告を自動的に表示してくれます。プライバシーポリシーではその仕組みや情報の受け渡しを許可させないことを明記する必要があります。

> **Zoom　コンテンツポリシーを読む**
>
> 詳しくはGoogleのコンテンツポリシーを参照してください。
> ・コンテンツポリシー「必須コンテンツ」
> https://support.google.com/adsense/answer/1348695?hl=ja

AdSenseプライバシーポリシーに書いておくこと

AdSenseプライバシーポリシーは、利用者が各自作成します。明記しておくポイントは、以下の項目です。

- Google AdSenseを利用していること
- 第三者配信事業者は情報cookieに基づいて広告を配信していること（DoubleClick Cookieは個人を特定するものではないことを明記すると安心）
- DoubleClick Cookieは当サイトや他のサイトのアクセス情報に基づいて広告を表示していること
- DoubleClick Cookieは無効にできること。無効にできるリンク先を明記する

Sample 264

> **例文** 当ブログではGoogle AdSenseによる広告サービスを利用しています。このような第三者配信事業者は、ユーザーの興味に応じた広告を配信するため、当ブログや他のブログ、サイトへのアクセス情報DoubleClick Cookie（氏名、住所、メールアドレス、電話番号等個人を特定するものではない）を使用することがあります。第三者配信事業者に情報が使用されることを希望されない場合は、Google広告設定やCookieを無効にすることができます。

> **Zoom　広告の管理やaboutads.infoのリンク先**
>
> ・Google広告設定
> https://adssettings.google.com/authenticated

プライバシーポリシーの設置場所

プライバシーポリシーは記事として投稿するとよいでしょう。記事のカテゴリーは、「プライバシーポリシー」としておくとわかりやすいです。

Step 9-3

✒ iTunes アフィリエイトプログラムを利用する

iTunesでアフィリエイトをするための登録方法から、商品の紹介方法までを説明します。

✒ iTunesアフィリエイトプログラムとは

iTunesに登録されている音楽や映画、有料アプリ等の商品を記事上で紹介して、アフィリエイトに参加することができます。

アフィリエイトプログラムの登録は無料ですが、参加には審査を受ける必要があるので、ある程度記事を書いてから参加しましょう。

振り込みは銀行振り込みで、確定報酬が最低支払金額である3,500円を超えた月の90日後になります。

✒ Step1 iTunesアフィリエイトプログラムに登録する

まずはiTunesアフィリエイトプログラムにアクセスし、申し込みを行います。

1 「今すぐ申し込む」をクリック

iTunesアフィリエイトプログラム (https://www.apple.com/jp/itunes/affiliates/) にアクセスして、「今すぐ申し込む」をクリックします。

2 続行をクリック

画面右上の国の選択が、日本語になっていることを確認し、「続行」をクリックします。

3 連絡先情報を入力

ユーザー情報を記入し、「続行」をクリックします。

Zoom Position/title

「Position/title」は個人の場合でも入力する必要があります。自分の名前を明記しましょう。

4 条件に同意する

諸条件を読み、「諸条件に同意する」にチェックし、「私はロボットではありません」にもチェック。サインアップをクリックします。

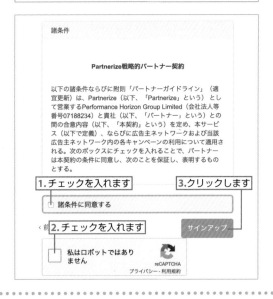

5 申請が完了

これで申請が完了したので、確認画面となります。

6 メールが届く

ユーザー情報で入力をしたメールアドレスの方に確認メールが届きます。審査が行われるので、結果が出るまでしばらく待ちます。

確認メールが届きます

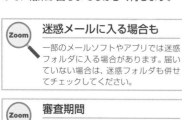

Zoom 迷惑メールに入る場合も

一部のメールソフトやアプリでは迷惑フォルダに入る場合があります。届いていない場合は、迷惑フォルダも併せてチェックしてください。

Zoom 審査期間

数日から数週間かかることがあります。審査が完了したら、登録先アドレスにメールが届きます。

✎ Step2 はてなブログとアフィリエイトIDを連携させる

審査に通るとアフィリエイトIDが発行されます。このアフィリエイトIDをはてなブログの設定画面で使用し、はてなブログと連携させます。

1 審査完了後、アフィリエイトプログラムIDを確認する

審査完了すると届くメールに、アフィリエイトIDが記載されているのでコピーしておきます。
iTunesアフィリエイトプログラムの管理画面（https://itunes.phgconsole.performancehorizon.com/account/signin）からアフィリエイトIDを確認する場合は、ログイン後の画面右上「アフィリエイト・トークン」の横に表示されている文字列がアフィリエイトIDです。

コピーします

アフィリエイトID

2 アフィリエイト・トークンを登録

はてなブログで「ダッシュボード」▶「アカウント設定」を選択します（71ページ参照）。「iTunesアフィリエイト・トークン」の記入欄に手順1でコピーしたiTunesアフィリエイトプログラムIDを貼り付けて、「変更する」をクリックします。

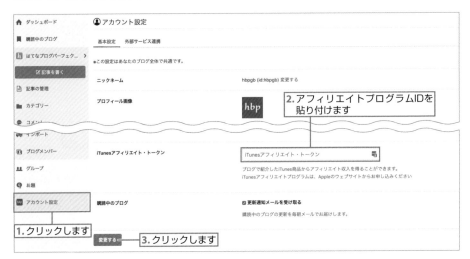

iTuneアフィリエイト・トークン設定前に紹介した商品

iTuneアフィリエイト・トークンを設定する前に紹介した商品は、手動で貼り直す必要があります。

ⓘ Step3 iTunes商品を紹介する

アフィリエイトプログラムのIDを登録したら、いよいよ商品紹介です。はてなブログでは、とても簡単にiTunesの商品の紹介ができます。

1 「iTunes商品紹介」をクリック

記事の作成画面（24ページ参照）でサイドバーメニューの + をクリックすると、「編集サイドバー」ウィンドウが開きます。
「iTunes商品紹介」をクリックします。

2 紹介商品を貼り付ける

紹介したい商品のキーワードを入力し検索ボタンをクリックします。リストの中から商品を選択し、「選択したアイテムを貼り付け」をクリックします（複数選択可能）。プレビューで記事の中に商品紹介リンクが貼り付けられているのを確認して「更新する」をクリックすると、記事内にiTunesの商品紹介が作成されます。

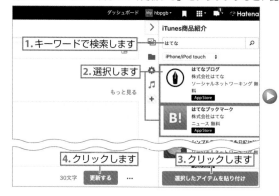

🍎 iTunesアフィリエイトプログラムのプライバシーポリシーを設置する

iTunesアフィリエイトプログラム参加する場合は、ブログにプライバシーポリシーを設置しておくとよいでしょう。

iTunesアフィリエイトプログラムプライバシーポリシーに書いておくこと

iTunesアフィリエイトプログラムプライバシーポリシーは、利用者が各自作成します。
明記しておくポイントは、以下の項目です。

- iTunesアフィリエイトプログラムの参加者であること
- Performance Horizon Group(PHG)及び広告主がマーケティング活動をするにあたり、コードやCookieを使用すること。それは個人を特定するものではないこと

Sample 269

例文 当ブログではiTunesアフィリエイトプログラムに参加しています。当プログラムにおいてPerformance Horizon Group(PHG)及び広告主がマーケティング活動のためにコードやCookieを使用しています。その過程において個人を特定する情報は収集されません。

プライバシーポリシーの設置場所

プライバシーポリシーは、記事として投稿するとよいでしょう。
記事のカテゴリーは、「プライバシーポリシー」としておくとわかりやすいです。

Step 9-4

 # Amazonアソシエイト・プログラムを利用する

Amazonアソシエイト・プログラムの登録方法からはてなブログとの連携、貼り付け方法を学び、記事で商品紹介をしてみましょう。

⒜ Amazonアソシエイト・プログラムとは

Amazonに登録されている商品を紹介することで紹介料をもらうことができます。

アソシエイト・プログラムの登録は無料ですが、参加には審査があります。

ある程度、記事を書いてから参加しましょう。紹介料の支払いはAmazonギフト券か銀行振り込みになります。確定月の月末から60日後に振り込まれます。最低振り込み額はギフト券は500円、銀行振り込みの場合は5,000円になります。

WordPress Perfect GuideBook 4.x対応版
作者: 佐々木恵
出版社/メーカー: ソーテック社
発売日: 2015/01/30
メディア: Kindle版
この商品を含むブログを見る

 紹介商品以外でも報酬がもらえる
Amazonアソシエイトプログラムでは、記事の中で紹介した商品が売れたときだけでなく、その商品以外の商品が売れた場合にも報酬をもらうことができます。

 運営規約を読む
参加する前にAmazonアソシエイト・プログラムの運営規約を読んでおきましょう。

・Amazonアソシエイト・プログラム運営規約
https://affiliate.amazon.co.jp/gp/associates/agreement?ie=UTF8&pf_rd_i=assoc_join_menu&pf_rd_m=AN1VRQENFRJN5&pf_rd_p=&pf_rd_r=&pf_rd_s=right-1&pf_rd_t=501&ref_=amb_link_70670009_6&rw_useCurrentProtocol=1

⒜ Step1 Amazonアソシエイトに登録する

Amazonアソシエイトの利用登録を行います。審査を受けてから利用できるようになります。

1 Amazonアソシエイトに登録する

Amazonアソシエイト（https://affiliate.amazon.co.jp/）にアクセスします。「無料アカウントを作成する」をクリックします。

1.Amazonアソシエイトにアクセスします
2.クリックします

2 ログインまたはアカウントの作成

まだAmazonアカウントをお持ちでない場合は、「Amazonアカウントを作成」をクリックします。
アカウント作成画面で必要事項を入力して、「Amazonアカウントを作成」をクリックします。

すでにAmazonアカウントを持っている場合

Amazonアカウントをお持ちの方はEメールまたは電話番号とパスワードを入力して、「ログイン」をクリックします。

3 メールアドレスの確認

登録したメールアドレスにコードが届くので、コードを入力して「アカウントの作成」をクリックします。

4 アカウント情報、Webサイト情報の入力

順にしたがってアカウント情報やWebサイト情報の必要情報を記入していきます。

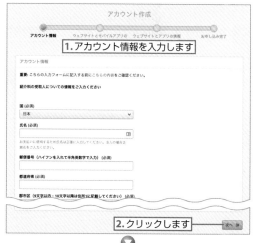

3.ウェブサイトとモバイルアプリ
　の情報を入力します

4.クリックします

5.ウェブサイトとアプリの
　情報を入力します

6.クリックします

5 申し込み完了

申し込みが完了しました。

(🖊) Step2 Amazonとはてなブログを連携させる

AmazonアソシエイトIDをはてなブログの設定画面で使用し、はてなブログと連携させます。

1 アソシエイトIDをコピーする

Amazonアソシエイト（https://affiliate. amazon.co.jp/）にログインします。画面右上にあるアソシエイトIDをコピーします。

1.Amazonアソシエイト
　にログインします

2.コピーします

2 「ダッシュボード」の
　　「アカウント設定」を開く

はてなブログで「ダッシュボード」 ▶ 「アカウント設定」を選択します（71ページ参照）。「AmazonアソシエイトID」の「変更する」をクリックします。

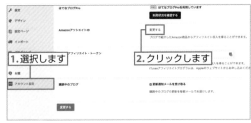

1.選択します

2.クリックします

3 IDを登録する

Amazonアソシエイトの入力フォームに、手順1でコピーしたAmazonアソシエイトIDを貼り付け、「変更をする」をクリックします。アカウント設定画面に戻り、AmazonアソシエイトIDが表示されているか確認します。これで、連携の完了です。

(🖐) Step3 Amazonの商品を紹介する

記事でAmazonの商品を紹介します。

1 「Amazon商品紹介」をクリック

記事の作成画面（24ページ参照）でサイドバーメニューの + をクリックすると「編集サイドバー」ウィンドウが表示されるので、「Amazon商品紹介」をクリックします。

2 商品の選択

紹介したい商品をキーワード検索して、商品を探します。紹介したい商品を選択して、「詳細」「画像」「商品名」の中から貼り付け形式を選択します。

3 「選択した商品を貼り付け」をクリック

「選択した商品を貼り付け」をクリックすると、Amazon商品リンクを貼り付けられます。記事を投稿します。

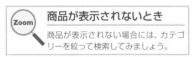

商品が表示されないとき
商品が表示されない場合には、カテゴリーを絞って検索してみましょう。

「詳細」形式はCSSでデザインされたリッチな表示です。

「画像」形式は画像のみの表示です。

「商品名」形式は商品名の名前のみ表示されます。

🖊 Amazonアソシエイト・プログラムのプライバシーポリシーを設置する

Amazonアソシエイト・プログラムを利用している場合は、参加しているということをブログに明記する必要があります。そこで、ブログにプライバシーポリシーを設置しましょう。

プライバシーポリシーについての詳細は、Amazonアソシエイトのプログラム運営規約を確認してください（270ページ参照）。

Amazonアソシエイト・プログラムプライバシーポリシーに書いておくこと

Amazonアソシエイト・プログラムプライバシーポリシーは利用者が各自作ります。
明記しておくポイントは、以下の項目です。

- Amazonアソシエイト・プログラムの参加者であること
- このプログラムにより第三者がコンテンツや宣伝を提供すること。その際にCookieを利用すること

Sample 274

> 例文　当ブログは、Amazon.co.jpを宣伝しリンクすることによってサイトが紹介料を獲得できる手段を提供することを目的に設定されたアフィリエイト宣伝プログラムである、Amazonアソシエイト・プログラムの参加者です。
>
> このプログラムにおいて、第三者がコンテンツおよび宣伝を提供し、ユーザーから情報を収集し、訪問者のブラウザにクッキーを設定することがあります。プログラムにおいて情報の扱いについてはAmazon.co.jp プライバシー規約をご確認ください。
>
> ◆ Amazon.co.jp プライバシー規約
> http://www.amazon.co.jp/gp/help/customer/display.html?ie=UTF8&nodeId=643000

プライバシーポリシーの設置場所

プライバシーポリシーは記事として投稿するとよいでしょう。記事のカテゴリーは、「プライバシーポリシー」としておくとわかりやすいです。

商品紹介に便利なブログパーツ「カエレバ」

かん吉さんが運営しているカエレバというブログパーツは、商品紹介をする際にとても便利なツールです。Amazonや楽天、Yahoo!等の商品を1つにまとめて紹介できます。ユーザーがどのショッピングモールを利用しているお客さんであっても対応できるのでおすすめです。

・カエレバ
http://kaereba.com/

Step 9-5

楽天アフィリエイトを利用する

楽天アフィリエイトの利用方法から、はてなブログとの連携、貼り付け方法を学び、記事で楽天商品を紹介してみましょう。

楽天アフィリエイトとは

楽天に登録されている商品を紹介して購入があった場合に、成果報酬をもらうことができます。楽天アフィリエイトは、楽天IDをお持ちであれば利用できます。

サイトを登録するだけで審査もないので、気軽に始められるのがメリットです。成果報酬は、確定月から翌々月10日に楽天ポイントで支払われます。

楽天商品の紹介

楽天の商品をはてなブログで紹介できます。

Nikon D500 16-80VR レンズキット AF-S DX NIKKOR 16-80mm f/2.8-4E ED VR[デジタル一眼レフカメラ (2088万画素)]
価格: 215340 円
楽天で詳細を見る

《新品》 FUJIFILM (フジフイルム) X-Pro3 DRシルバー【下取交換なら ￥10,000-引き】[ミラーレス一眼カメラ | デジタル一眼カメラ | デジタルカメラ][KK9N0D18P]
価格: 239500 円
楽天で詳細を見る

紹介商品以外でも報酬がもらえる

楽天アフィリエイトでは、記事の中で紹介した商品が売れたときだけでなく、その商品以外の商品が売れた場合にも報酬をもらうことができます。

成果報酬を銀行振込でもらう

楽天アフィリエイトの成果報酬を銀行振込で現金として受け取るには、「3ヶ月連続で月間5000ポイント以上の成果報酬を受け取られている」のが条件となります。
その後、申請と審査を通過すると、成果報酬を銀行振込で受け取ることができます。

・参考URL
https://affiliate.rakuten.co.jp/payment/

Step1 楽天アフィリエイトページにアクセス

1 「ログイン」をクリック

楽天アフィリエイトトップページにアクセスし、画面右側にある「ログイン」をクリックします。

クリックします

楽天アフィリエイトトップページ
https://affiliate.rakuten.co.jp/

2 楽天アフィリエイトページを開きログインする

必要事項を記入して「ログイン」をクリックします。まだ楽天IDをお持ちでない場合は、「楽天会員に新規登録（無料）してサービスを利用する」をクリックします。

2. クリックします　1. 入力します　　楽天IDを持っていない場合はここから登録します

3 サイト情報の登録

左サイドバーの便利なリンクから「サイト情報の登録」をクリックします。

クリックします

4 サイト情報の記入

必要事項を記入して、「保存」をクリックします。

1. 必要事項を入力します

5 登録完了

これでサイトの登録が完了です。

2. クリックします

ⓞ [Step2] 楽天アフィリエイトとはてなブログを連携させる

楽天アフィリエイトIDをはてなブログの設定画面で使用し、はてなブログと連携させます。

1 アフィリエイトIDをコピーする

楽天アフィリエイトIDを確認するために
「Rakuten Developers」(https://webser
vice.rakuten.co.jp/account_affiliate_
id/) にアクセスしアフィリエイトIDをコ
ピーします。

2 「ダッシュボード」の「アカウント設定」を開く

はてなブログで「ダッシュボード」▶「アカウント設定」を選択します。
「楽天アフィリエイトID」の「変更する」をクリックします。

3 IDを登録する

楽天アフィリエイトの入力フォームに、手順
1でコピーした楽天アフィリエイトIDを貼
り付け、「変更をする」をクリックします。
アカウント設定画面に戻り、楽天アフィリエ
イトIDが表示されているか確認します。
これで、連携の完了です。

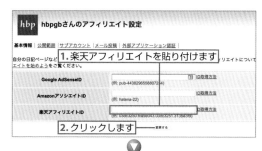

🖋 Step3 楽天の商品を紹介する

記事で楽天の商品を紹介します。

1 「商品紹介」をクリック

記事の作成画面で、サイドバーメニューの ＋ をクリックすると「編集サイドバー」ウィンドウが開きます。
「楽天商品紹介」をクリックします。

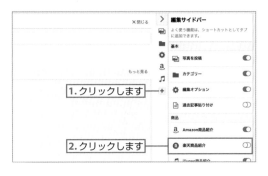

2 商品の選択

紹介したい商品をキーワード検索して、商品を探します。紹介したい商品を選択します。

3 「選択したアイテムを貼り付け」をクリック

「選択したアイテムを貼り付け」をクリックすると、楽天商品リンクが貼り付けられます。記事を投稿します。

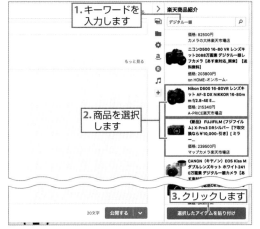

4 記事を確認する

楽天商品が紹介されているのを記事で確認します。